JQuery 入門實戰

主編 ● 湯東、張富銀

JQuery是一個快速、簡單的JavaScript library
它簡化了HTML文件的traversing、事件處理、動畫、AJAX互動，
從而方便了網頁製作的快速發展。

本書詳細地講解了JQuery的各種方法和使用技巧，
讀者可以系統地掌握JQuery中關於
DOM操作、事件、動畫效果、表單製作、Ajax以及插入方面的知識點。
本書適合所有對JQuery技術感興趣的
WEB設計的前端開發人員、後端開發人員閱讀學習。

財經錢線

前言

一、編寫本書的目的

市場上 JQuery 的書籍全部都只寫了基礎的使用，並沒有利用 JQuery 開發一套完整的 demo 案例，造成新手入門難、熟手不願意看的局面。本書打破了傳統編寫手法，全部採用真實案例講解，並且保證所有源代碼均能正常運行。

二、本書主要講解的內容

本書詳細地講解了 JQuery 的各種方法和使用技巧，讀者可以系統地掌握 JQuery 中關於 DOM 操作、事件、動畫效果、表單操作、AJAX 以及插入方面的知識點，並且在本書的第十六章我們會參考成熟案例詳細講解 JQuery 項目的開發，為新手入門打下堅實基礎。

本書共分十六章。

第一章首先介紹了什麼是 JQuery、學習 JQuery 的條件、JQuery 的版本、JQuery 的功能和優勢、其他 JavaScript 庫、是否兼容低版本 IE、下載及運行 JQuery。

第二章介紹了 JQuery 的基礎核心內容，包含代碼風格、加載模式、對象互換、多個庫之間的衝突。

第三章主要講解常規選擇器，本章節是 JQuery 入門的關鍵，主要由簡單選擇器、進階選擇器、高級選擇器組成。

第四章主要講解過濾選擇器，包括基本過濾器、內容過濾器、可見性過濾器、子元素過濾器、其他方法。

第五章主要講解基礎 DOM 和 CSS 操作，包括 DOM 簡介、設置元素及內容、元素屬性操作、元素樣式操作、CSS 方法。

第六章主要講解 DOM 節點操作，包括創建節點、插入節點、包裹節點、節點操作。

第七章主要講解表單選擇器，包括常規選擇器、表單選擇器、表單過濾器。

第八章主要講解事件中的基礎事件，包括綁定事件、簡寫事件、複合事件。

第九章主要講解事件對象中的基礎事件對象和冒泡與默認行為。

第十章主要講解事件中的高級事件部分，包括使用最多的模擬操作、命名空間、事件委託、On、Off 和 One。

第十一章主要講解 JQuery 中的動畫效果，包括動畫的顯示、隱藏、滑動、卷動、淡入、淡出、自定義動畫、列隊動畫方法、動畫相關方法、動畫全局屬性。

1

前言

第十二章講解 JQuery 中的 AJAX 應用，首先介紹了 AJAX 的優勢與不足，講解了 load() 方法、$.get() 和 $.post()、$.getScript() 和 $.getJSON()、$.ajax() 方法、表單序列化。

第十三章講解 AJAX 的進階應用，主要解決了具體的 AJAX 使用中最常遇到的問題及解決方法。AJAX 加載請求、AJAX 錯誤處理、AJAX 請求全局事件、AJAX 的跨域 JSON 和 JSONP、jqXHR 對象。

第十四章講解 JQuery 工具慮數，如字符串操作、數組和對象操作、測試操作、URL 操作、瀏覽器檢測、其他操作。

第十五章講解 JQuery 的插件機制以及開發自己想要的插件，主要包括插件概述、驗證插件、自動完成插件、自定義插件。

第十六章將用前面第一章至第十五章全部知識開發一套完成的項目，項目主要參考知乎網（http://www.zhihu.com）。在項目中將使用到 JQuery UI、郵箱自動補全、日曆 UI、驗證插件（validate）、form 表單插件、cookie 插件、AJAX 登錄、AJAX 提問、AJAX 顯示問題、AJAX 提交評論、AJAX 顯示評論、AJAX 加載更多評論、處理錯誤與屏蔽低版 IE 等。

三、本書適合您嗎

本書適合所有對 JQuery 技術感興趣的 WEB 設計的前端開發人員、後端開發人員閱讀學習。

閱讀此書需要一定的 HTML、CSS 和 JavaScript 基礎。

四、本書約定

本書所有例子都是基於 JQuery1.10 版而編寫。

如果沒有特殊說明，JQuery 默認是導入的。

如果沒有特殊說明，程序中的 $ 符號都是 JQuery 的一個簡寫行為。

如果沒有特殊說明，所有網頁的頭部都必須有標準的 DOCTYPE 聲明。

如果沒有特殊說明，所有網頁的編碼都是 UTF-8 無 BOM 格式。

五、讀者反饋

我們十分歡迎來自讀者的寶貴意見與建議，這些建議可以是您感興趣的內容，或者是本書沒有介紹到而又是您十分需要的知識。

作者

目錄

第一章　JQuery 入門 …………………………………………（1）

第二章　基礎核心 ……………………………………………（6）

第三章　常規選擇器 …………………………………………（9）

第四章　過濾選擇器 …………………………………………（17）

第五章　基礎 DOM 和 CSS 操作 ……………………………（22）

第六章　DOM 節點操作 ……………………………………（30）

第七章　表單選擇器 …………………………………………（34）

第八章　基礎事件 ……………………………………………（37）

第九章　事件對象 ……………………………………………（43）

第十章　高級事件 ……………………………………………（48）

第十一章　動畫效果 …………………………………………（54）

第十二章　AJAX ……………………………………………（63）

第十三章　AJAX 進階 ………………………………………（71）

第十四章　工具函數 …………………………………………（77）

第十五章　插件 ………………………………………………（83）

第十六章　知問前端—綜合項目 ……………………………（87）

第一章
JQuery 入門

教學要點：

1. 什麼是 JQuery
2. 學習 JQuery 的必要條件
3. JQuery 的版本
4. JQuery 的功能和優勢
5. 其他 Javascript 庫
6. 是否兼容低版本的 IE
7. 下載及運行 JQuery

教學重點：

1. 理解框架的概念
2. 掌握新技術的學習方法
3. 練習 JQuery 的編程手感

教學難點：

JQuery 的編程手感

一、什麼是 JQuery

JQuery 是一個 Javasript 庫，通過封裝原生的 Javascript 函數得到一套定義好的方法。JQuery 是 John Resig 於 2006 年創建的一個開源項目。隨著越來越多的開發者加入，JQuery 已經集成了 Javascript、CSS、DOM、AJAX 於一體的強大功能，它可以用更少的代碼完成更多更強大更複雜的功能，從而得到開發者的青睞。

二、學習 JQuery 的必要條件

JQuery 是 Javascript 庫，所以 JQuery 在使用上要比 Javascript 簡單，但對於網頁編程來說，有些通用的基礎知識是必備的：

（1）XHTML 或 HTML5(含 CSS)；

（2）Javascrtpt；

（3）服務器端語言(如 PHP、JAVA、.NET)。

三、JQuery 的版本

2006 年 8 月正式發了 JQuery1.0 版本,第一個穩定版本,具有對 CSS 選擇符、事件處理以及 AJAX 的交互支持。

2007 年 1 月發布了 JQuery1.1 版本,極大地簡化了 API,合併了許多極少使用的方法。

2007 年 7 月發布了 JQuery1.1.3 版本,優化了 JQuery 選擇符引擎的執行速度。

2007 年 9 月發布了 JQuery1.2 版本,優化了 Xpath 選擇器,增加了命名空間事件。

2009 年 1 月發布了 JQuery1.3,使用了全新的選擇符引擎 Sizzle,性能得到進一步提升。

2010 年 1 月發布了 JQuery1.4,進行了一次大規模更新,提供了 DOM 操作,增加了很多新的方法或是增強了原有的方法。

2010 年 2 月發布了 JQuery1.4.2,添加了.delegate( )和.undelegate( )兩個新方法,提升了靈活性和瀏覽器的一致性,對事件系統進行了升級。

2011 年 1 月發布了 JQuery1.5,重寫了 AJAX 組件,增強了擴展性和性能。

2011 年 5 月發布了 JQuery1.6,重寫了 Attribute 組件,引入了新對象和方法。

2011 年 11 月發布了 JQuery1.7,引入了.on( )和.off( )簡介的 API 解決事件綁定及委託容易混淆的問題。

2012 年 3 月發布了 JQuery1.7.2,進行一些優化和升級。

2012 年 7 月發布了 JQuery1.8,8 月發布了 JQuery1.8.1,9 月發布了 JQuery1.8.2,重寫了選擇符引擎,修復了一些問題。

2013 年 1 月發布了 JQuery1.9,CSS 的多屬性設置,增強了 CSS3。

2013 年 5 月發布了 JQuery1.10,增加了一些功能。2013 年 4 月發布了 JQuery2.0,5 月發布了 JQuery2.0.2,一個重大更新版本,不再支持 IE6/7/8,體積更小,速度更快。

本書我們使用的是最新的中文版的 API 文檔(1.8 版本),有在線和離線兩種手段查閱:①在線的 AP 文檔可以訪問:http://t.mb5u.com/jquery/。②離線的 AP 文檔將打包提供給大家。

其中,版本號升級主要有三種:第一種是大版本升級,比如 1.×.× 升級到 2.×.×,這種升級規模是最大的,改動的地方是最多的,週期也是最長的。比如 JQuery 從 1.×.× 到 2.×.× 用了 7 年。第二種是小版本更新,比如從 1.7 升級到 1.8,改動適中,增加或減少了一些功能,一般週期半年到一年左右。第三種是微版本更新,比如從 1.8.1 升級到 1.8.2,修復一些 bug 或錯誤之類。

版本的內容升級也主要有三種:第一種是核心庫的升級,比如優化選擇符、優化 DOM 或者 AJAX 等;這種升級不影響開發者的使用。第二種是功能性的升級,比如剔除一些過時的方法、新增或增強一些方法等。這種升級需要瞭解和學習。第三種就是 BUG 修復之類的升級,對開發者使用沒有影響。

學習者有一種擔憂,比如學了 1.3 版本的 JQuery,那麼以後升級新版本是不是還需要重學? 沒必要,因為並不是每次升級一個版本都會增加或剔除功能的,一半左右都是內部優化,升級到新版本並不需要任何學習成本。就算在新的版本增加了一些功能,只需要幾分鐘瞭解一下即可使用,無需清零之前的知識,只需後續累加。當然,在早期的 JQuery 版本都創建了最常用的功能,而新版本中增加的功能,也不是最常用的,無需立即學習，立馬用起。

四、JQuery 的功能和優勢

JQuery 作為封閉的 JavaScript 庫，其目的就是簡化開發者使用 JavaScript。主要的功能有以下幾點：

（1）像 CSS 哪樣訪問和操作 DOM；
（2）修改 CSS 控制頁面外觀；
（3）簡化 JavaSript 代碼操作；
（4）事件處理更加容易；
（5）各種動畫效果使用方便；
（6）讓 AJAX 技術更加完美；
（7）基於 JQuery 的大量插件；
（8）自動擴展功能插件。

JQuery 最大的優勢就是使用特別方便，比如模仿 CSS 獲取 DOM 對象，比原生的 JS 要簡單和方便得多，並且在多個 CSS 的集中處理上非常舒服。而最常用的 CSS 功能又封裝了了單獨的方法，感覺非常有心。最重要的是 JQuery 的代碼兼容性非常好，你不需要總是去考慮不同瀏覽器的兼容問題。

五、其他的 Javascript 庫

目前除了 JQuery 外還有五個庫比較流行，分別是 YUI、Prototype、MooTools、DOJO 和 ExtJs。

YUI 是雅虎公司開發的一套完備的、擴展性良好的富交互網頁工具集。

Prototype 是最早成型的 JavaSctipt 庫之一，對 JavaScript 內置對象做了大量的封裝和擴展。

MooTools 是一個簡潔、模塊化的面向對象的 JavaScript 框架。

DoJo 最強大的在於提供其他庫沒有的功能，如離線存儲、圖標資源等。

EXtjs 簡稱 Ext，原本是對 YUI 的一個擴展，主要用於創建前端用戶界面（收費）。

六、是否兼容 IE 低版本

這次 JQuery 發布了大版本 2.x.x，完全放棄了兼容 IE6/7/8。不僅如此，很多國際上的大型站點也開始逐步不再支持 IE6/7/8。但對於國內而言，比較大型的網站最多只是拋棄 IE6，或者部分功能不支持 IE6 的警示框，還沒可能一下子把 IE6/7/8 全面拋棄。這裡我們就談一談你的項目是否有必要兼容 IE6/7/8。

完全不支持 IE6 的示例：網易雲課堂——http://study.163.com

完全不支持的做法，就是檢測到是否為 IE6 或 IE6、IE8，然後直接跳轉到一個信息錯誤界面，讓你更換或升級瀏覽器，否則無法訪問使用。

部分功能不支持的做法，就是判斷你是 IE6 或 IE6、IE8，然後給一個警示條或彈出窗，告訴你使用此款瀏覽器性能降低或部分功能使用不正常或不能使用的提示，但還可以訪問使用。

雖然大部分國內網站用 IE6 去運行都能基本兼容，但很多細節上還是有些問題，導致不能流暢的去使用。

這個問題爭論很久，支持兼容的人會拿國情和使用率來證明。不支持兼容的人會用技術落後導致整個水平落後來證明。其實這兩種說法都有值得商榷的地方。

首先，傳統行業失敗率為97%，而新的IT行業的失敗率更高達99%以上（數據可能不精確，但可以說明失敗率很高）。那麼站在更高的角度去看你的項目，你不管是付出3倍成本去完成一個用戶體驗一般但兼容性很好的項目，還是付出正常成本去完成用戶體驗很好但不兼容低版本瀏覽器。這兩種情況不管是哪一種，最終可能都會失敗。那麼你願意選擇哪種？

是否兼容IE6或IE6、IE8並不單純是用戶基數和國情的問題，而很多項目發起人只一味地用這種理由去判定需求，那麼失敗也在所難免。除此之外，我們還應該考慮以下幾個方面的問題：

1. 成本控制

很多項目往往在6、12、18、32個月就會發生財務問題，比如資金緊縮甚至斷裂。所以，成本控制尤為重要。項目如果不是老站升級，也不是大門戶的新聞站，成本控制和盡快上線測試才是最重要的。而如果新站一味要求全面兼容，會導致成本增加（隨著功能多少，成本倍率增加）。為了抓緊時間，就不停地加班再加班，又導致員工產生抵觸情緒，工作效率降低，人員流動開始頻繁，新員工又要接手開發一半的項目。這樣成本不停地在累加。最終不少項目根本沒上線就失敗了。

2. 用戶選擇

一般可以分為兩種用戶：高質量用戶和低質量用戶。所謂高質量用戶，就是為了一款最新的3D游戲去升級一塊發燒級的顯卡，或直接換一臺整機。所謂低質量用戶，就是發現不能玩最新的3D游戲，就放棄了，去玩「植物大戰僵屍」解解饞算了。在用戶選擇上有一個很好的案例，就是移動互聯網。網易和騰訊在它們的新聞應用上，幾乎兼容了所有的手機平臺，比如IOS、安卓、黑莓、塞班等，因為新聞應用的核心在新聞，而新聞的用戶基數巨大，需要兼顧高質量用戶和低質量用戶。而騰訊在IOS上的幾十個應用，除了新聞、QQ、瀏覽器，其他的基本都只有IOS和安卓，在塞班和黑莓及其他應用上就沒有了。

所以，你的應用核心是哪方面？兼容的成本有多大？會不會導致成本控制問題？用戶選擇尤為重要，放棄低質量用戶也是一種成本控制。在用戶基數龐大的項目上，放棄低質量用戶就有點愚笨，比如某個新聞站有1億用戶，2,000萬為使用低版本瀏覽器的低質量用戶，而面對2,000萬用戶，你兼容它或單獨為2,000萬用戶做個低版本服務，成本雖然可能還是3倍，但從龐大的用戶基數來看，這種成本又非常低廉。而你的用戶基數只有1,000人，而低質量用戶有50人，那麼為了這50人去做兼容，那麼3倍的成本就變得非常昂貴。

3. 項目的側重點

你的項目重點在哪裡？是為了看新聞？是為了宣傳線下產品？那麼你其實有必要兼容低版本瀏覽器。首先這種類型的站不需要太好的用戶體驗，不需要太多的交互操作，只是看，而兼容的成本比較低，並且核心在新聞或產品！但如果你的項目有大量的交互、大量的操作，比如全球最大的社交網已經不兼容IE6、IE7，最大的微博也不再兼容IE6、IE7，就是這個原因。所以，項目並不是一味地全面兼容，或者全面不兼容，主要看你的項目側重點在哪裡！

4. 用戶體驗

如果你的項目在兼容低版本瀏覽器成本巨大，比如社交網，有大量的JS和AJAX操作。那麼兼容IE6、IE7的成本確實很高，如果兼容，用戶體驗就會很差。兼容有兩種：一種是高版本瀏覽器用性能好，體驗好的模式；低版本的自動切換到兼容模式。另一種就是，不管高版本或低版本都用統一的兼容模式。這兩種成本都很高。用戶體驗好的模式，能增加用戶黏度，增加付費潛在用戶，而用戶體驗差的總是被用戶歸納為心目中的備胎(所謂備胎就是實在沒有了才去訪問，如果有，很容易被抛棄)。

5. 數據支持

如果對某一種類型的網站項目有一定的研究，那麼手頭必須有支持的數據分析。有數據分析可以更好地進行成本控制，更有魄力地解決高質量用戶和低質量用戶的取捨。

6. 教育用戶

很多項目可能是有固定客戶群，或者使用該項目人員質量普遍較高。那麼，面對零星一點的低質量用戶，我們不能再去迎合他。因為迎合他，就無法用高質量用戶體驗去粘住忠實用戶，同時也不能獲取低質量用戶的芳心。所以，我們應有的策略是：牢牢把握住高質量的忠誠用戶，做到他們心目中的第一；教育那部分低質量用戶(比如企業級開發項目，可以直接做企業培訓，安裝高版本瀏覽器等。互聯網項目，就給出提示安裝高版本瀏覽器即可)。那麼一部分低質量用戶被拉攏過來，還有一小撮死性不改的用戶就只有放棄。切不可撿了芝麻丟了西瓜，不要貪大求全。

7. 經驗之談

以上我們討論了是否需要兼容 IE6 或 IE7、IE8，結論就是必須根據實際情況，即成本情況、人員情況、用戶情況和項目本身類型情況來制定，沒有一刀切的兼容或不兼容。

七、下載及運行 JQuery

目前最新的版本，是 JQuery1.10.1 和 JQuery2.0.2，我們下載開發版，可以順便讀一讀源代碼。如果你需要引用到你線上的項目，就必須使用壓縮版，去掉註釋和空白，使容量最小。

本課程使用的軟件是：Nodepad++使用測試的瀏覽器為：Firefox3.6.8、Firefox21+、Chrome、IE6/7/8/9、Opera 和 Safari。

使用的版本為：JQuery1.10.1 和 JQuery2.02。

使用的 html 版本為：xhtml1.0，在必要的時候將會使用 html5。

使用的調試工具為：Firefox 下的 firebug。

測試代碼

//單擊按鈕彈窗

$(function(){

$('input').click(function(){

  alert('第一個 JQuery 程序！');

});

});

第二章
基礎核心

教學要點：

1. 代碼風格；
2. 加載模式；
3. 對象互換；
4. 多個庫之間的衝突。

教學重點：

1. 熟悉 JQuery 的代碼風格；
2. 瞭解 JQuery 的加載模式；
3. 對象互換；
4. 多個庫之間的衝突。

教學難點：

對象互換、多個庫之間的衝突。

開篇：本節課我們簡單地介紹一下 JQuery 一些核心的問題，這些問題為後續課程展開提供了幫助。對於 JavaScript 課程已經學完的同學，這些概念會非常清晰，而對於 JavaScript 薄弱的同學可能會有一些模糊，但不必太擔心，後續會慢慢展開。而對於完全沒有 JavaScript 基礎的同學，就無法學習了。

一、JQuery 代碼風格

在 JQuery 程序中，不管是頁面元素的選擇還是內置的功能函數，都是從美元符號「＄」來起始的。而這個「＄」就是 JQuery 當中最重要且獨有的對象，所以我們在頁面元素選擇或執行功能函數的時候可以這麼寫：

＄(function ( ) { }) ; //執行一個匿名函數
＄(『#box』); //進行執行的 ID 元素選擇
＄(『#box』).css(『color』,『red』); //執行功能函數

由於＄本身就是 JQuery 對象的縮寫形式，那麼也就是說上面的三段代碼也可以寫成如下形式：

JQuery(function(){});

JQuery('#box');

JQuery('#box').css('color','red');

在執行功能函數的時候,我們發現.css()這個功能函數並不是直接被「$」或 JQuery 對象調用執行的,而是先獲取元素後,返回某個對象再調用.css()這個功能函數。那麼也就是說,這個返回的對象其實也就是 JQuery 對象。

$().css('color','red');　//理論上合法,但實際上缺少元素而報錯。

值得一提的是,執行了.css()這個功能函數後,最終返回的還是 JQuery 對象,那麼也就是說,JQuery 的代碼模式是採用的連綴方式,可以不停地連續調用功能函數。

$('#box').css('color','red').css('font-size','50px');　//連綴

JQuery 中代碼註釋和 JavaScript 是保持一致的,有兩種最常用的註釋:單行使用「//...」;多行使用「/* ... */」。// $('#box').css('color','red')。

二、加載模式

我們在之前的代碼一直在使用 $(function(){});這段代碼進行首尾包裹,那麼為什麼必須要包裹這段代碼呢? 原因是 JQuery 庫文件是在 body 元素之前加載的,我們必須等待所有的 DOM 元素加載後,延遲支持 DOM 操作,否則就無法獲取到。在延遲等待加載,JavaScript 提供了一個事件為 load。其方法如下:

window.onload = function(){};　//JavaScript 等待加載。

$(document).ready(function(){});　//JQuery 等待加載

表 2-1　　　　　　　　　　　onload 和 ready 的區別

	window.onload	$(document).ready()
執行時機	必須等待網頁全部加載完畢(包括圖片等),然後再執行包裹代碼。	只需要等待網頁中的 DOM 結構加載完畢,就能執行包裹的代碼。
簡寫方案	無	$(function(){});

在實際應用中,我們都很少直接去使用 window.onload,因為它需要等待圖片之類的大型元素加載完畢後才能執行 JS 代碼。所以,最頭疼的就是在網速較慢的情況下,頁面已經全面展開,圖片還在緩慢加載,這時頁面上的 JS 交互功能全部處在假死狀態。

三、對象互換

JQuery 對象雖然是 JQuery 庫獨有的對象,但它也是通過 JavaScript 進行封裝而來的。我們可以直接輸出來得到它的信息。

alert($);　//JQuery 對象方法內部。

alert($());　//JQuery 對象返回的對象還是 JQuery。

alert($('#box'));　//包裹 ID 元素返回的對象還是 JQuery。

從上面三組代碼我們發現:只要使用了包裹後,最終返回的都是 JQuery 對象。這樣的好處顯而易見,就是可以連綴處理。但有時我們也需要返回原生的 DOM 對象,比如:

alert(document.getElementById('box'));　//[object HTMLDivElement]

JQuery 想要達到獲取原生的 DOM 對象,可以這麼處理:

alert($('#box').get(0));　//ID 元素的第一個原生 DOM

從上面 get(0) 可以看出，JQuery 是可以進行批量處理 DOM 的，這樣可以在很多需要循環遍歷的處理上更加得心應手。

四、多個庫之間衝突的解決

當一個項目中引入多個第三方庫的時候，由於沒有命名空間的約束（命名空間就好比同一個目錄下的文件夾一樣，名字相同就會產生衝突），庫與庫之間發生衝突在所難免。

那麼，既然有衝突的問題，為什麼要使用多個庫呢？原因是 JQuery 只不過是 DOM 操作為主的庫，方便我們日常 Web 開發。但有時我們的項目有更多特殊的功能需要引入其他的庫，比如用戶界面 UI 方面的庫，游戲引擎方面的庫等一系列。

而很多庫，比如 prototype 和 Base 庫，都使用「＄」作為基準起始符，如果想和 JQuery 共容有兩種方法：

（1）將 JQuery 庫在 Base 庫之前引入，那麼「＄」的所有權就歸 Base 庫所有，而 JQuery 可以直接用 JQuery 對象調用，或者創建一個「＄＄」符給 JQuery 使用。

```
var ＄＄ = JQuery; //創建一個 ＄＄ 的 JQuery 對象
＄(function() { //這是 Base 的 ＄
    alert( ＄('#box').ge(0) ); //這是 Base 的 ＄
    alert( ＄＄('#box').width() ); //這是 JQuery 的 ＄＄
});
```

（2）如果將 JQuery 庫在 Base 庫之後引入，那麼「＄」的所有權就歸 JQuery 庫所有，而 Base 庫將會衝突而失去作用。這裡，JQuery 提供了一個方法：

```
JQuery.noConflict(); //將 ＄ 符所有權剔除
var ＄＄ = JQuery;
＄(function() {
    alert( ＄('#box').ge(0) );
    alert( ＄＄('#box').width() );
});
```

第三章
常規選擇器

教學要點：

1. 簡單選擇器；
2. 進階選擇器；
3. 高級選擇器。

教學重點：

1. 簡單選擇器；
2. 進階選擇器；
3. 高級選擇器。

教學難點：

理解什麼是選擇器，多種選擇器組合使用。

　　開篇：JQuery 最核心的組成部分就是選擇器引擎。它繼承了 CSS 的語法，可以對 DOM 元素的標籤名、屬性名、狀態等進行快速、準確的選擇，並且不必擔心瀏覽器的兼容性。JQuery 選擇器除實現了 CSS1~CSS3 的大部分規則之外，還實現了一些自定義的選擇器，用於各種特殊狀態的選擇。備註：學習本課程必須有(X)html+CSS 基礎。

一、簡單選擇器

　　在使用 JQuery 選擇器時，我們首先必須使用「＄( )」函數來包裝我們的 CSS 規則。而 CSS 規則作為參數傳遞到 JQuery 對象內部後，再返回包含頁面中對應元素的 JQuery 對象。隨後，我們就可以對這個獲取到的 DOM 節點進行行為操作了。

```
#box｛ //使用 ID 選擇器的 CSS 規則：
    color:red; //將 ID 為 box 的元素字體顏色變紅
｝
```

在 JQuery 選擇器裡，我們使用如下方式來獲取同樣的結果：

　　＄('#box').css('color','red'); //獲取 DOM 節點對象，並添加行為。

那麼除了 ID 選擇器之外，還有兩種基本的選擇器：元素標籤名和類(class)。

表 3-1

選擇器	CSS 模式	JQuery 模式	描述
元素標籤名	Div{}	$('div')	獲取所有 div 元素的 DOM 對象
ID	#box{}	$('#box')	獲取一個 ID 為 box 元素的 DOM 對象
類(class)	.box{}	$('.box')	獲取所有 class 為 box 的所有 DOM 對象

$('div').css('color','red');//元素選擇器,返回多個元素。

$('#box').css('color','red');//ID 選擇器,返回單個元素。

$('.box').css('color','red');//類(class)選擇器,返回多個元素。

為了證明 ID 返回的是單個元素,而元素標籤名和類(class)返回的是多個,我們可以採用 JQuery 核心自帶的一個屬性 length 或 size() 方法來查看返回的元素個數。

alert($('div').size());//3 個。

alert($('#box').size());//1 個,後面兩個失明了。

alert($('.box').size());//3 個。

同理,你也可以直接使用 JQuery 核心屬性來操作:

alert($('#box').length);//1 個,後面失明了。

警告:有個問題特別要注意,ID 在頁面只允許出現一次,我們一般都是要求開發者要遵守和保持這個規則。但如果你在頁面中出現三次,並且在 CSS 使用樣式,那麼這三個元素還會執行效果。但如果你想要 JQuery 這麼去做,那麼就會遇到失明的問題。所以,開發者必須養成良好的遵守習慣,在一個頁面僅使用一個 ID。

$('#box').css('color','red');//只有第一個 ID 變紅,後面兩個 ID 失明了。

JQuery 選擇器的寫法與 CSS 選擇器十分類似,只不過它們的功能不同。CSS 找到元素後添加的是單一的樣式,而 JQuery 則添加的是動作行為。最重要的一點是:CSS 在添加樣式的時候,高級選擇器會對部分瀏覽器不兼容,而 JQuery 選擇器在添加 CSS 樣式的時候卻不必為此煩惱。

#box > p {//CSS 子選擇器,IE6 不支持
　　color:red;
}

$('#box > p').css('color','red');//JQuery 子選擇器,兼容了 IE6。

JQuery 選擇器支持 CSS1、CSS2 的全部規則,支持 CSS3 部分實用的規則,同時它還有少量獨有的規則。所以,對於已經掌握 CSS 的開發人員,學習 JQuery 選擇器幾乎是零成本。而 JQuery 選擇器在獲取節點對象的時候不但簡單,還內置了容錯功能,這樣避免像 JavaScript 那樣每次對節點的獲取需要進行有效判斷。

$('#pox').css('color','red');//不存在 ID 為 pox 的元素,也不報錯。

document.getElementById('pox').style.color = 'red';//報錯了。

因為 JQuery 內部進行了判斷,而原生的 DOM 節點獲取方法並沒有進行判斷,所以導致了一個錯誤,原生方法可以這麼判斷解決這個問題:

if (document.getElementById('pox')) {//先判斷是否存在這個對象
　　document.getElementById('pox').style.color = 'red';

那麼對於缺失不存在的元素，我們使用 JQuery 調用的話，怎麼去判斷是否存在呢？因為本身返回的是 JQuery 對象，可能會導致不存在元素存在與否，都會返回 true。

  if ($ ('#pox').length > 0) { //判斷元素包含數量即可
    $ ('#pox').css('color', 'red');
  }

除了這種方式之外，還可以用轉換為 DOM 對象的方式來判斷，例如：

  if ($ ('#pox').get(0)) {} 或 if ($ ('#pox')[0]) {} //通過數組下標也可以獲取 DOM 對象。

二、進階選擇器

在簡單選擇器中，我們瞭解了最基本的三種選擇器：元素標籤名、ID 和類(class)。那麼在基礎選擇器外，還有一些進階和高級的選擇器方便我們進行更精準的選擇元素。

表 3-2

選擇器	CSS 模式	JQuery 模式	描述
群組選擇器	span,em,.box {}	$('span,em,.box')	獲取多個選擇器的 DOM 對象
後代選擇器	ul li a {}	$('ul li a')	獲取追溯到的多個 DOM 對象
通配選擇器	* {}	$('*')	獲取所有元素標籤名的 DOM 對象

  //群組選擇器
  span, em, .box { //多種選擇器添加紅色字體
    color:red;
  }
  $ ('span, em, .box').css('color', 'red'); //群組選擇器 JQuery 方式
  //後代選擇器
  ul li a { //層層追溯到的元素添加紅色字體
    color:red;
  }
  $ ('ul li a').css('color', 'red'); //群組選擇器 JQuery 方式
  //通配選擇器
  * { //頁面所有元素都添加紅色字體
    color:red;
  }
  $ ('*').css('color', 'red'); //通配選擇器

目前介紹的六種選擇器，在實際應用中，我們可以靈活地搭配，使得選擇器更加精準和快速：

  $ ('#box p, ul li *').css('color', 'red'); //組合了多種選擇器。

警告：在實際使用上，通配選擇器一般用得並不多，尤其是在大通配上，比如：$ ('*')。這種使用方法效率很低，影響性能，建議盡可能少用。還有一種選擇器，可以在 ID 和類(class)中指明元素前綴，比如：

$('div.box');//限定必須是.box元素

$('p#box div.side');//同上

類(class)有一個特殊的模式,就是同一個DOM節點可以聲明多個類(class)。那麼對於這種格式,我們有多class選擇器可以使用,但要注意和class群組選擇器的區別。

.box.pox{ //雙class選擇器,IE6出現異常。

    color:red;

}

$('.box.pox').css('color','red');//兼容IE6,解決了異常。

多class選擇器是指必須一個DOM節點同時有多個class,用這些class進行精確限定。而群組class選擇器,只不過是多個class進行選擇而已。

$('.box,.pox').css('color','red');//加了逗號,體會區別。

警告:在構造選擇器時,有一個通用的優化原則:只追求必要的確定性。當選擇器篩選越複雜,JQuery內部的選擇器引擎處理字符串的時間就越長。比如:

$('div#box ul li a#link');//讓JQuery內部處理了不必要的字符串

$('#link');//ID是唯一性的,準確度不變,性能提升

三、高級選擇器

在前面我們學習了六種最常規的選擇器,一般來說通過這六種選擇器基本上可以解決所有DOM節點對象選擇的問題。但在很多特殊的元素上,比如父子關係的元素、兄弟關係的元素、特殊屬性的元素等。在早期CSS的使用上,由於IE6等低版本瀏覽器不支持,所以這些高級選擇器的使用也不具備普遍性,但隨著JQuery兼容,這些選擇器的使用頻率也越來越高。

表3-3　　　　　　　　　　　　層次選擇器

選擇器	CSS模式	JQuery模式	描述
後代選擇器	ul li a{}	$('ul li a')	獲取追溯到的多個DOM對象
子選擇器	div > p{}	$('div p')	只獲取子類節點的多個DOM對象
next選擇器	div + p{}	$('div + p')	只獲取某節點後一個同級DOM對象
nextAll選擇	div ~ p{}	$('div ~ p')	獲取某節點後面所有同級DOM對象

在層次選擇器中,除了後代選擇器之外,其他三種高級選擇器是不支持IE6的,而JQuery卻是兼容IE6的。

//後代選擇器

$('#box p').css('color','red');//全兼容

JQuery為後代選擇器提供了一個等價find()方法

$('#box').find('p').css('color','red');//和後代選擇器等價

//子選擇器,孫子後失明

#box > p{ //IE6不支持

    color:red;

}

$('#box > p').css('color','red');//兼容IE6

JQuery 為子選擇器提供了一個等價 children( )方法：

$('#box').children('p').css('color','red');//和子選擇器等價

//next 選擇器(下一個同級節點)

#box + p｛ //IE6 不支持

    color:red;

｝

$('#box+p').css('color','red');//兼容 IE6

JQuery 為 next 選擇器提供了一個等價的方法 next( )：

$('#box').next('p').css('color','red');//和 next 選擇器等價

//nextAll 選擇器(後面所有同級節點)

#box ~ p｛ //IE6 不支持

    color:red;

｝

$('#box ~ p').css('color','red');//兼容 IE6

JQuery 為 nextAll 選擇器提供了一個等價的方法 nextAll( )：

$('#box').nextAll('p').css('color','red');//和 nextAll 選擇器等價

層次選擇器對節點的層次都是有要求的。比如子選擇器，只有子節點才可以被選擇到，孫子節點和重孫子節點都無法選擇到。next 和 nextAll 選擇器必須是同一個層次的後一個和後 N 個，不在同一個層次就無法選取到了。

在 find( )、next( )、nextAll( )和 children( )這四個方法中，如果不傳遞參數，就相當於傳遞了「 * 」，即任何節點。我們不建議這麼做，不但影響性能，而且由於精準度不佳可能在複雜的 HTML 結構時產生怪異的結果。

$('#box').next( );//相當於 $('#box').next(' * ');

為了補充高級選擇器的這三種模式，JQuery 還提供了更加豐富的方法來選擇元素：

$('#box').prev('p').css('color','red');//同級上一個元素

$('#box').prevAll('p').css('color','red');//同級所有上面的元素

nextUntil( )和 prevUnitl( )方法是選定同級的下面或上面的所有節點,選定非指定的所有元素，一旦遇到指定的元素就停止選定。

$('#box').prevUntil('p').css('color','red');//同級上非指定元素選定,遇到則停止

$('#box').nextUntil('p').css('color','red');//同級下非指定元素選定,遇到則停止

siblings( )方法正好集成了 prevAll( )和 nextAll( )兩個功能的效果，以及上下相鄰的所有元素進行選定：

$('#box').siblings('p').css('color','red');//同級上下所有元素選定

//等價於下面：

$('#box').prevAll('p').css('color','red');//同級上所有元素選定

$('#box').nextAll('p').css('color','red');//同級下所有元素選定

警告：切不可寫成「$('#box').prevAll('p').nextAll('p').css('color','red');」這種形式，因為 prevAll('p')返回的是已經上方所有指定元素，然後在 nextAll('p')選定下方

所有指定元素，這樣必然出現錯誤。

從理論上來講，JQuery 提供的方法 find( )、next( )、nextAll( ) 和 children( ) 運行速度要快於使用高級選擇器。因為它們實現的算法有所不同，高級選擇器是通過解析字符串來獲取節點對象，而 JQuery 提供的方法一般都是單個選擇器，是可以直接獲取的。但這種快慢的差異，對於客戶端腳本來說沒有太大的實用性，並且速度的差異還要取決於瀏覽器和選擇的元素內容。比如，在 IE6、IE7 不支持 querySelectorAll( ) 方法，則會使用「Sizzle」引擎，速度就會慢，而其他瀏覽器則會很快。有興趣的可以瞭解這個方法和這個引擎。

選擇器快慢分析：
//這條最快，會使用原生的 getElementById、ByName、ByTagName 和 querySelectorAll( )
$ ('#box ').find('p ');
//JQuery 會自動把這條語句轉成 $ ('#box ').find('p ')，這會導致一定的性能損失。它比最快的形式慢了 5%~10%。
$ ('p ', '#box ');
//這條語句在 JQuery 內部，會使用 $.sibling( ) 和 javascript 的 nextSibling( ) 方法，一個個遍歷節點。它比最快的形式大約慢了 50%。
$ ('#box ').children('p ');
//JQuery 內部使用 Sizzle 引擎，處理各種選擇器。Sizzle 引擎的選擇順序是從右到左，所以這條語句是先選 p，然後再一個個過濾出父元素#box，這導致它比最快的形式大約慢了 70%。
$ ('#box > p ');
//這條語句與上一條是同樣的情況。但是，上一條只選擇直接的子元素，這一條可以選擇多級子元素，所以它的速度更慢，大概比最快的形式慢了 77%。
$ ('#box p ');
//JQuery 內部會將這條語句轉成 $ ('#box ').find('p ')，比最快的形式慢了 23%。
$ ('p ', $ ('#parent '));

綜上所述，最快的是 find( ) 方法，最慢的是 $ ('#box p ') 這種高級選擇器。如果一開始將 $ ('#box ') 進行賦值，那麼 JQuery 就對其變量進行緩存，那麼速度會進一步提高。

var box = $ ('#box ');
var p = box.find('p ');

注意：我們應該推薦使用哪種方案呢？其實，使用哪種方案都差不多。這裡，我們推薦使用 JQuery 提供的方法。因為不但方法的速度比高級選擇器運行得更快，並且它的靈活性和擴展性要高於高級選擇器。使用「+」或「~」從字面上沒 next 和 nextAll 更加語義化，更加清晰，JQuery 的方法更加豐富，提供了相對的 prev 和 prevAll。畢竟 JQuery 是編程語言，需要能夠靈活的拆分和組合選擇器，而使用 CSS 模式過於死板。所以，如果JQuery 提供了獨立的方法來代替某些選擇器的功能，我們還是推薦優先使用獨立的方法。

表 3-4　　　　　　　　　　　　　　屬性選擇器

CSS 模式	JQuery 模式	描述
a[title]	$('a[title]')	獲取具有這個屬性的 DOM 對象。
a[title=num1]	$('a[title=num1]')	獲取具有這個屬性＝這個屬性值的 DOM 對象。
a[title^=num]	$('a[title^=num]')	獲取具有這個屬性且與開頭屬性值匹配的 DOM 對象。
a[title|=num]	$('a[title|=num]')	獲取具有這個屬性且等於屬性值或開頭屬性值匹配後面跟一個「-」號的 DOM 對象。
a[title$=num]	$('a[title$=num]')	獲取具有這個屬性且與結尾屬性值匹配的 DOM 對象。
a[title!=num]	$('a[title!=num]')	獲取具有這個屬性且不等於屬性值的 DOM 對象。
a[title~=num]	$('a[title~=num]')	獲取具有這個屬性且屬性值是以一個空格分割的列表，其中包含屬性值的 DOM 對象。
a[title*=num]	$('a[title*=num]')	獲取具有這個屬性且屬性值含有一個指定字串的 DOM 對象。
a[bbb][title=num1]	$('a[bbb][title=num1]')	獲取具有這個屬性且與屬性值匹配的 DOM 對象。

屬性選擇器也不支持 IE6，所以在 CSS 界面中如果要兼容低版本，那麼也是非主流的。但 JQuery 不必考慮這個問題。

//選定這個屬性的
a[title]｛//IE6 不支持
　　color:red;
｝
　$('a[title]').css('color','red');//兼容 IE6 了
//選定具有這個屬性＝這個屬性值的
a[title=num1]｛//IE6 不支持
　　color:red;
｝
　　$('a[title=num1]').css('color','red');//兼容 IE6 了
//選定具有這個屬性且與開頭屬性值匹配的
a[title^=num]｛//IE6 不支持
　　color:red;
｝
　$('a[title=^num]').css('color','red');//兼容 IE6 了
//選定具有這個屬性且等於屬性值或開頭屬性值匹配後面跟一個「-」號
a[title|=num]｛//IE6 不支持
　　color:red;
｝

```
    $('a[title|="num"]').css('color','red');  //兼容IE6了
//選定具有這個屬性且與結尾屬性值匹配的
a[title$=num]{  //IE6不支持
    color:red;
}
    $('a[title$=num]').css('color','red');  //兼容IE6了
//選定具有這個屬性且屬性值不相等的
a[title!=num1]{  //不支持此CSS選擇器
    color:red;
}
    $('a[title!=num1]').css('color','red');  //JQuery支持這種寫法
//選定具有這個屬性且屬性值是以一個空格分割的列表,其中包含屬性值的
a[title~=num]{  //IE6不支持
    color:red;
}
    $('a[title~=num1]').css('color','red');  //兼容IE6
//選定具有這個屬性且屬性值含有一個指定字串的
a[title*=num]{  //IE6不支持
    color:red;
}
    $('a[title*=num]').css('color','red');  //兼容IE6
//選定具有多個屬性且屬性值匹配成功的
a[bbb][title=num1]{  //IE6不支持
    color:red;
}
    $('a[bbb][title=num1]').css('color','red');  //兼容IE6
```

第四章 過濾選擇器

教學要點：

1. 基本過濾器；
2. 內容過濾器；
3. 可見性過濾器；
4. 子元素過濾器；
5. 其他方法。

教學重點：

1. 基本過濾器；
2. 內容過濾器；
3. 可見性過濾器；
4. 子元素過濾器。

教學難點：

理解什麼是過濾器，多種過濾器組合使用。

開篇：過濾選擇器簡稱過濾器。它其實也是一種選擇器，而這種選擇器類似於 CSS3（http://t.mb5u.com/css3/）裡的偽類，可以讓不支持 CSS3 的低版本瀏覽器也能支持。和常規選擇器一樣，JQuery 為了更方便開發者使用，提供了很多獨有的過濾器。

一、基本過濾器

過濾器主要通過特定的過濾規則來篩選所需的 DOM 元素，和 CSS 中的偽類的語法類似：使用冒號(:)開頭。

表 4-1

過濾器名	JQuery 語法	說明	返回
:first	$('li:first')	選取第一個元素。	單個元素
:last	$('li:last')	選取最後一個元素。	單個元素
:not(selector)	$('li:not(.red)')	選取 class 不是 red 的 li 元素。	集合元素

表4-1(續)

過濾器名	JQuery 語法	說明	返回
:even	$('li:even')	選擇索引(0 開始)是偶數的所有元素。	集合元素
:odd	$('li:odd')	選擇索引(0 開始)是奇數的所有元素。	集合元素
:eq(index)	$('li:eq(2)')	選擇索引(0 開始)等於 index 的元素。	單個元素
:gt(index)	$('li:gt(2)')	選擇索引(0 開始)大於 index 的元素。	集合元素
:lt(index)	$('li:lt(2)')	選擇索引(0 開始)小於 index 的元素。	集合元素
:header	$(':header')	選擇標題元素,h1 ~ h6。	集合元素
:animated	$(':animated')	選擇正在執行動畫的元素。	集合元素
:focus	$(':focus')	選擇當前被焦點的元素。	集合元素

$('li:first').css('background','#ccc');//第一個元素
$('li:last').css('background','#ccc');//最後一個元素
$('li:not(.red)').css('background','#ccc');//非 class 為 red 的元素
$('li:even').css('background','#ccc');//索引為偶數的元素
$('li:odd').css('background','#ccc');//索引為奇數的元素
$('li:eq(2)').css('background','#ccc');//指定索引值的元素
$('li:gt(2)').css('background','#ccc');//大於索引值的元素
$('li:lt(2)').css('background','#ccc');//小於索引值的元素
$(':header').css('background','#ccc');//頁面所有 h1 ~ h6 元素
注意::focus 過濾器,必須是網頁初始狀態的已經被激活焦點的元素才能實現元素獲取。而不是鼠標點擊或者 Tab 鍵盤敲擊激活的。
$('input').get(0).focus();//先初始化激活一個元素焦點
$(':focus').css('background','red');//被焦點的元素
JQuery 為最常用的過濾器提供了專用的方法,已達到提到性能和效率的作用:
$('li').eq(2).css('background','#ccc');//元素 li 的第三個元素,負數從後開始
$('li').first().css('background','#ccc');//元素 li 的第一個元素
$('li').last().css('background','#ccc');//元素 li 的最後一個元素
$('li').not('.red').css('background','#ccc');//元素 li 不含 class 為 red 的元素
注意::first、:last 和 first()、last()這兩組過濾器和方法在出現相同元素的時候,first 會實現第一個父元素的第一個子元素,last 會實現最後一個父元素的最後一個子元素。所以,如果需要明確是哪個父元素,需要指明:
$('#box li:last').css('background','#ccc');//#box 元素的最後一個 li
//或
$('#box li').last().css('background','#ccc');//同上
二、內容過濾器
內容過濾器的過濾規則主要包含在子元素或文本內容上。

表 4-2

過濾器名	JQuery 語法	說明	返回
:contains(text)	$(':contains("ycku.com")')	選取含有"ycku.com"文本的元素。	元素集合
:empty	$(':empty')	選取不包含子元素或空文本的元素。	元素集合
:has(selector)	$(':has(.red)')	選取含有 class 是 red 的元素。	元素集合
:parent	$(':parent')	選取含有子元素或文本的元素。	元素集合

//選擇元素文本節點含有 ycku.com 文本的元素。

$('div:contains("ycku.com")').css('background','#ccc');

$('div:empty').css('background','#ccc');//選擇空元素

$('ul:has(.red)').css('background','#ccc');//選擇子元素含有 class 是 red 的元素

$(':parent').css('background','#ccc');//選擇非空元素。

JQuery 提供了一個 has( ) 方法來提高 :has 過濾器的性能：

$('ul').has('.red').css('background','#ccc');//選擇子元素含有 class 是 red 的元素

JQuery 提供了一個名稱和 :parent 相似的方法，但這個方法並不是選取含有子元素或文本的元素，而是獲取當前元素的父元素，返回的是元素集合。

$('li').parent().css('background','#ccc');//選擇當前元素的父元素

$('li').parents().css('background','#ccc');//選擇當前元素的父元素及祖先元素

$('li').parentsUntil('div').css('background','#ccc');//選擇當前元素遇到 div 父元素停止

三、可見性過濾器

可見性過濾器根據元素的可見性和不可見性來選擇相應的元素。

表 4-3

過濾器名	JQuery 語法	說明	返回
:hidden	$(':hidden')	選取所有不可見元素集。	集合元素
:visible	$(':visible')	選取所有可見元素。	集合元素

$('p:hidden').size();//元素 p 隱藏的元素

$('p:visible').size();//元素 p 顯示的元素

注意：hidden 過濾器一般包含的內容為：CSS 樣式為 display:none、input 表單類型為 type="hidden" 和 visibility:hidden 的元素。

四、子元素過濾器

子元素過濾器的過濾規則是通過父元素和子元素的關係來獲取相應的元素。

表 4-4

過濾器名	JQuery 語法	說明	返回
:first-child	$('li:first-child')	獲取每個父元素的第一個子元素。	集合元素
:last-child	$('li:last-child')	獲取每個父元素的最後一個子元素。	集合元素
:only-child	$('li:only-child')	獲取只有一個子元素的元素。	集合元素
:nth-child(odd/even/eq(index))	$('li:nth-child(even)')	獲取每個自定義子元素的元素(索引值從 1 開始計算)。	集合元素

```
$('li:first-child').css('background','#ccc');//每個父元素第一個 li 元素
$('li:last-child').css('background','#ccc');//每個父元素最後一個 li 元素
$('li:only-child').css('background','#ccc');//每個父元素只有一個 li 元素
$('li:nth-child(odd)').css('background','#ccc');//每個父元素奇數 li 元素
$('li:nth-child(even)').css('background','#ccc');//每個父元素偶數 li 元素
$('li:nth-child(2)').css('background','#ccc');//每個父元素第三個 li 元素
```

五、其他方法

JQuery 在選擇器和過濾器上,還提供了一些常用的方法,方便我們開發時靈活使用。

表 4-5

方法名	JQuery 語法	說明	返回
is(s/o/e/f)	$('li').is('.red')	傳遞選擇器、DOM、jquery 對象或是函數來匹配元素結合。	集合元素
hasClass(class)	$('li').eq(2).hasClass('red')	其實就是 is("." + class)。	集合元素
slice(start, end)	$('li').slice(0,2)	選擇從 start 到 end 位置的元素,如果是負數,則從後開始。	集合元素
filter(s/o/e/f)	$('li').filter('.red')		集合元素
end()	$('div').find('p').end()	獲取當前元素前一次狀態。	集合元素
contents()	$('div').contents()	獲取某元素下面所有元素節點,包括文本節點。如果是 iframe,則可以查找文本內容。	集合元素

```
$('.red').is('li');//true,選擇器,檢測 class 是否為 red
$('.red').is($('li'));//true,JQuery 對象集合,同上
$('.red').is($('li').eq(2));//true,JQuery 對象單個,同上
$('.red').is($('li').get(2));//true,DOM 對象,同上
$('.red').is(function(){//true,方法,同上
    return $(this).attr('title')=='列表3';//可以自定義各種判斷
}));
$('li').eq(2).hasClass('red');//和 is 一樣,只不過只能傳遞 class
$('li').slice(0,2).css('color','red');//前三個變成紅色
```

注意:這個參數有多種傳法和 JavaScript 的 slice 方法是一樣的。比如:slice(2),從第三個開始到最後選定;slice(2,4),第三個和第四個被選定;slice(0,-2),從倒數第三個位

置向前選定所有;slice(2,-2),前兩個和末尾兩個未選定。
$("div").find("p").end().get(0);//返回 div 的原生 DOM
$('div').contents().size();//返回子節點(包括文本)數量
$('li').filter('.red').css('background','#ccc');//選擇 li 的 class 為 red 的元素
$('li').filter('.red,:first,:last').css('background','#ccc');//增加了首尾選擇
//特殊要求函數返回
$('li').filter(function() {
    return $(this).attr('class')=='red' && $(this).attr('title')=='列表3';
}).css('background','#ccc');

第五章
基礎 DOM 和 CSS 操作

教學要點：

1. DOM 簡介；
2. 設置元素及內容；
3. 元素屬性操作；
4. 元素樣式操作；
5. CSS 方法。

教學重點：

1. DOM 簡介；
2. 設置元素及內容；
3. 元素樣式操作；
4. CSS 方法。

教學難點：

理解什麼是 DOM 及怎樣去操作 DOM。

開篇：DOM 是一種文檔對象模型，方便開發者對 HTML 結構元素內容進行展示和修改。在 JavaScript 中，DOM 不但內容龐大繁雜，而且我們開發的過程中需要考慮更多的兼容性、擴展性。在 JQuery 中，已經將最常用的 DOM 操作方法進行了有效封裝，並且不需要考慮瀏覽器的兼容性。

一、DOM 簡介

由於課程是基於 JavaScript 基礎上完成的，這裡我們不去詳細地瞭解 DOM 到底是什麼，只需要知道下面幾個基本概念：

（1）D 表示的是頁面文檔 Document、O 表示對象，即一組含有獨立特性的數據集合、M 表示模型，即頁面上的元素節點和文本節點。

（2）DOM 有三種形式，即標準 DOM、HTML DOM、CSS DOM，大部分進行了一系列的封裝，在 JQuery 中並不需要深刻理解它。

（3）樹形結構用來表示 DOM，就非常的貼切，大部分操作都是元素節點操作，還有少部分是文本節點操作。

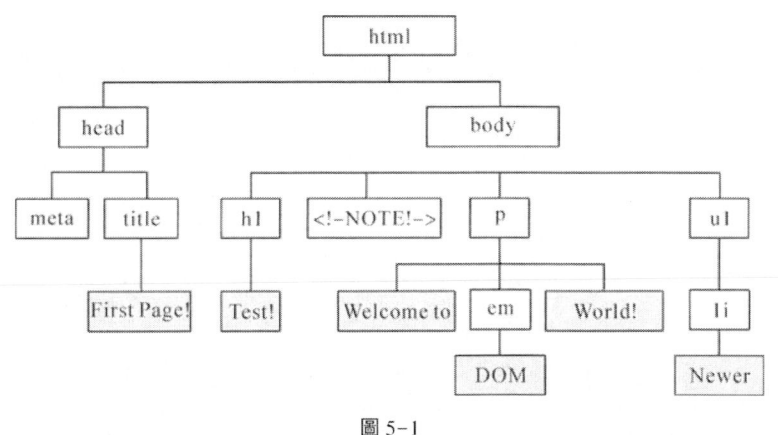

圖 5-1

二、設置元素及內容

通過前面所學習的各種選擇器、過濾器來得到我們想要操作的元素。這個時候，我們就可以對這些元素進行 DOM 的操作。那麼，最常用的操作就是對元素內容的獲取和修改。

表 5-1　　　　　　　　　　　　html( ) 和 text( ) 方法

方法名	描述
html( )	獲取元素中 HTML 的內容。
html(value)	設置元素中 HTML 的內容。
text( )	獲取元素中文本內容。
text(value)	設置原生中文本的內容。
val( )	獲取表單中的文本內容。
val(value)	設置表單中的文本內容。

在常規的 DOM 元素中，我們可以使用 html( ) 和 text( ) 方法來獲取內部的數據。通過 html( ) 方法可以獲取或設置 html 的內容，通過 text( ) 可以獲取或設置文本的內容。

$('#box').html( );　//獲取 html 的內容

$('#box').text( );　//獲取文本的內容，會自動清理 html 標籤

$('#box').html('www.li.cc');　//設置 html 的內容

$('#box').text('www.li.cc');　//設置文本的內容，會自動轉義 html 標籤

注意：當我們使用 html( ) 或 text( ) 設置元素裡的內容時，會清空原來的數據。而我們期望能夠追加數據的話，需要先獲取原本的數據。

$('#box').html($('#box').html( ) + 'www.li.cc');　//追加數據

如果元素是表單的話，JQuery 提供了 val( ) 方法進行獲取或設置內部的文本數據。

$('input').val( );　//獲取表單的內容

$('input').val('www.li.cc');　//設置表單的內容

如果想設置多個選項的選定狀態,比如下拉列表、單選復選框等,可以通過數組傳遞操作。

$("input").val(["check1","check2", "radio1"]); //value 值是這些的將被選定

三、元素屬性操作

除了對元素內容進行設置和獲取,通過 JQuery 也可以對元素本身的屬性進行操作,包括獲取屬性的屬性值、設置屬性的屬性值,並且可以刪除掉屬性。

表 5-2　　　　　　　　　　　　attr( ) 和 removeAttr( )

方法名	描述
attr(key)	獲取某個元素 key 屬性的屬性值。
attr(key, value)	設置某個元素 key 屬性的屬性值。
attr({key1:value2, key2:value2...})	設置某個元素多個 key 屬性的屬性值。
attr(key, function (index, value) {})	設置某個元素 key 通過 fn 來設置。

$('div').attr('title'); //獲取屬性的屬性值

$('div').attr('title', '我是域名'); //設置屬性及屬性值

$('div').attr('title', function () {//通過匿名函數返回屬性值
　　return '我是域名';
});

$('div').attr('title', function (index, value) {//可以接受兩個參數
　　return value + (index+1) + ',我是域名';
});

注意:attr( )方法裡的 function ( ) {},可以不傳參數。可以只傳一個參數 index,表示當前元素的索引(從 0 開始)。也可以傳遞兩個參數 index、value,第二個參數表示屬性原本的值。

注意:JQuery 中很多方法都可以使用 function ( ) {} 來返回出字符串,比如 html ( )、text ( )、val ( )和上一章剛學過的 is ( )、filter ( )方法。而如果又涉及多個元素集合,還可以傳遞 index 參數來獲取索引值,並且可以使用第二個參數 value(並不是所有方法都適合,有興趣可以自己逐個嘗試)。

$('div').html(function (index) {//通過匿名函數賦值,並傳遞 index
　　return '我是' + (index+1) + '號 div';
});

$('div').html(function (index, value) {//還可以實現追加內容
　　return '我是' + (index+1) + '號 div:'+value;
});

注意:我們也可以使用 attr( )來創建 id 屬性,但我們不建議這麼做。這樣會導致整個頁面結構的混亂。當然也可以創建 class 屬性,但後面會有一個語義更好的方法來代替 attr( )方法,所以也不建議使用。

刪除指定的屬性,這個方法就不可以使用匿名函數,傳遞 index 和 value 均無效。

$('div').removeAttr('title'); //刪除指定的屬性

四、元素樣式操作

元素樣式操作包括直接設置 CSS 樣式、增加 CSS 類別、類別切換、刪除類別這幾種操作方法。而從整個 JQuery 使用頻率上來看，CSS 樣式的操作也是極高的，所以需要重點掌握。

表 5-3　　　　　　　　　　　　CSS 操作方法

方法名	描述
css(name)	獲取某個元素行內的 CSS 樣式。
css([name1, name2, name3])	獲取某個元素行內多個 CSS 樣式。
css(name, value)	設置某個元素行內的 CSS 樣式。
css(name, function(index, value))	設置某個元素行內的 CSS 樣式。
css({name1: value1, name2: value2})	設置某個元素行內多個 CSS 樣式。
addClass(class)	給某個元素添加一個 CSS 類。
addClass(class1 class2 class3...)	給某個元素添加多個 CSS 類。
removeClass(class)	刪除某個元素的一個 CSS 類。
removeClass(class1 class2 class3...)	刪除某個元素的多個 CSS 類。
toggleClass(class)	來回切換默認樣式和指定樣式。
toggleClass(class1 class2 class3...)	同上。
toggleClass(class, switch)	來回切換樣式的時候設置切換頻率。
toggleClass(function(){})	通過匿名函數設置切換的規則。
toggleClass(function(){}, switch)	在匿名函數設置時也可以設置頻率。
toggleClass(function(i, c, s){}, switch)	在匿名函數設置時傳遞三個參數。

　　$('div').css('color');　//獲取元素行內 CSS 樣式的顏色
　　$('div').css('color', 'red');　//設置元素行內 CSS 樣式的顏色為紅色
　　在 CSS 獲取上，我們也可以獲取多個 CSS 樣式，而獲取到的是一個對象數組，如果用傳統方式進行解析需要使用 for in 遍歷。
　　var box = $('div').css(['color', 'height', 'width']);　//得到多個 CSS 樣式的數組對象
　　for(var i in box){　//逐個遍歷出來
　　　　alert(i + ':' + box[i]);
　　}
　　JQuery 提供了一個遍歷工具來專門處理這種對象數組，$.each() 方法，這個方法可以輕鬆地遍歷對象數組。
　　$.each(box, function(attr, value){　//遍歷 JavaScript 原生態的對象數組
　　　　alert(attr + ':' + value);
　　});
　　使用 $.each() 可以遍歷原生的 JavaScript 對象數組，如果是 JQuery 對象的數組怎麼

使用.each()方法呢?

```
$('div').each(function(index,element){//index 為索引,element 為元素 DOM
    alert(index + ':' + element);
});
```

在需要設置多個樣式的時候,我們可以傳遞多個 CSS 樣式的鍵值對即可。

```
$('div').css({'background-color':'#ccc','color':'red','font-size':'20px'});
```

如果想設置某個元素的 CSS 樣式的值,但這個值需要計算。我們可以傳遞一個匿名函數。

```
$('div').css('width', function(index, value){
    return (parseInt(value) - 500) + 'px';
});
```

除了行內 CSS 設置,我們也可以直接給元素添加 CSS 類,可以添加單個或多個,並且也可以刪除它。

```
$('div').addClass('red');//添加一個 CSS 類
$('div').addClass('red bg');//添加多個 CSS 類
$('div').removeClass('bg'); //刪除一個 CSS 類
$('div').removeClass('red bg');//刪除多個 CSS 類
```

我們還可以結合事件來實現 CSS 類的樣式切換功能。

```
$('div').click(function(){//當點擊後觸發
    $(this).toggleClass('red size');//單個樣式或多個樣式均可
});
```

.toggleClass()方法的第二個參數可以傳入一個布爾值,true 表示執行切換到 class 類,false 表示執行默認 class 類(默認的是空 class)。運用這個特性,我們可以設置切換的頻率。

```
var count = 0;
$('div').click(function(){//每點擊兩次切換一次 red
    $(this).toggleClass('red', count++ % 3 == 0);
});
```

默認的 CSS 類切換只能是無樣式和指定樣式之間的切換,如果想實現樣式 1 和樣式 2 之間的切換還必須自己寫一些邏輯。

```
$('div').click(function(){
    $(this).toggleClass('red size');//一開始切換到樣式 2
    if ($(this).hasClass('red')){//判斷樣式 2 存在後
        $(this).removeClass('blue');//刪除樣式 1
    } else {
        $(this).toggleClass('blue');//添加樣式 1,這裡也可以 addClass
    }
});
```

上面的方法較為繁瑣,.toggleClass()方法提供了傳遞匿名函數的方式,來設置你所需要切換的規則。

```
$('div').click(function(){
    $(this).toggleClass(function(){  //傳遞匿名函數,返回要切換的樣式
        return $(this).hasClass('red')?'blue':'red size';
    });
});
```

注意:上面雖然一句話實現了這個功能,但還是有一些小缺陷,因為原來的 class 類沒有被刪除,只不過被替代了而已。所以,需要改寫一下。

```
$('div').click(function(){
    $(this).toggleClass(function(){
        if($(this).hasClass('red')){
            $(this).removeClass('red');
            return 'green';
        }else{
            $(this).removeClass('green');
            return 'red';
        }
    });
});
```

我們也可以在傳遞匿名函數的模式下增加第二個頻率參數。

```
var count = 0;
$('div').click(function(){
    $(this).toggleClass(function(){
        return $(this).hasClass('red')?'blue':'red size';
    },count++%3==0);//增加了頻率
});
```

對於 .toggleClass() 傳入匿名函數的方法,還可以傳遞 index 索引、class 類兩個參數以及頻率布爾值,可以得到當前的索引、class 類名和頻率布爾值。

```
var count = 0;
$('div').click(function(){
    $(this).toggleClass(function(index,className,switchBool){
        alert(index+':'+className+':'+switchBool); //得到當前值
        return $(this).hasClass('red')?'blue':'red size';
    },count++%3==0);
});
```

五、CSS 方法

JQuery 不但提供了 CSS 的核心操作方法,比如 .css()、.addClass() 等,還封裝了一些特殊功能的 CSS 操作方法。下面我們分別來瞭解一下。

表 5-4　　　　　　　　　　　width( )方法

方法名	描述
width( )	獲取某個元素的長度。
width(value)	設置某個元素的長度。
width(function (index , width) {})	通過匿名函數設置某個元素的長度。

```
$('div').width();//獲取元素的長度,返回的類型為 number
$('div').width(500);//設置元素長度,直接傳數值,默認加 px
$('div').width('500pt');//同上,設置了 pt 單位
$('div').width(function (index, value) {//index 是索引,value 是原本值
    return value - 500;//無須調整類型,直接計算
});
```

表 5-5　　　　　　　　　　　height( )方法

方法名	描述
height( )	獲取某個元素的長度。
height(value)	設置某個元素的長度。
height(function (index , width) {})	通過匿名函數設置某個元素的長度。

```
$('div').height();//獲取元素的高度,返回的類型為 number
$('div').height(500);//設置元素高度,直接傳數值,默認加 px
$('div').height('500pt');//同上,設置了 pt 單位
$('div').height(function (index, value) {//index 是索引,value 是原本值
    return value - 1;//無需調整類型,直接計算
});
```

表 5-6　　　　　　　　　內外邊距和邊框尺寸方法

方法名	描述
innerWidth( )	獲取元素寬度,包含內邊距 padding。
innerHeight( )	獲取元素高度,包含內邊距 padding。
outerWidth( )	獲取元素寬度,包含邊框 border 和內邊距 padding。
outerHeight( )	獲取元素高度,包含邊框 border 和內邊距 padding。
outerWidth(ture)	同上,且包含外邊距。
outerHeight(true)	同上,且包含外邊距。

```
alert( $('div').width() );//不包含
alert( $('div').innerWidth() );//包含內邊距 padding
alert( $('div').outerWidth() );//包含內邊距 padding+邊框 border
alert( $('div').outerWidth(true) );//包含內邊距 padding+邊框 border+外邊距 margin
```

表 5-7　　　　　　　　　　　　元素偏移方法

方法名	描述
offset( )	獲取某個元素相對於視口的偏移位置。
position( )	獲取某個元素相對於父元素的偏移位置。
scrollTop( )	獲取垂直滾動條的值。
scrollTop(value)	設置垂直滾動條的值。
scrollLeft( )	獲取水平滾動條的值。
scrollLeft(value)	設置水平滾動條的值。

$('strong').offset( ).left;//相對於視口的偏移
$('strong').position( ).left;//相對於父元素的偏移
$(window).scrollTop( );//獲取當前滾動條的位置
$(window).scrollTop(300);//設置當前滾動條的位置

第六章
DOM 節點操作

教學要點：

1. 創建節點；
2. 插入節點；
3. 包裹節點；
4. 節點操作。

教學重點：

1. 創建節點；
2. 插入節點；
3. 包裹節點；
4. 節點操作。

教學難點：

理解什麼是 DOM 及怎樣去操作 DOM。

開篇：DOM 中有一個非常重要的功能，就是節點模型，也就是 DOM 中的「M」。頁面中的元素結構就是通過這種節點模型來互相對應著的。我們只需要通過這些節點關系，就可以創建、插入、替換、克隆、刪除等一系列的元素操作。

一、創建節點

為了使頁面更加智能化，有時我們想動態地在 html 結構頁面添加一個標籤元素。那麼在插入之前首先要做的動作就是：創建節點。

var box = $('<div id="box">節點</div>') ; //創建一個節點

$('body').append(box);//將節點插入到<body>元素內部

二、插入節點

在創建節點的過程中，其實我們已經演示怎麼通過.append()方法來插入一個節點。除了這個方法之外，JQuery 還提供了其他幾個方法來插入節點。

表 6-1 　　　　　　　　　　　內部插入節點方法

方法名	描述
append(content)	向指定元素內部後面插入節點 content。
append(function(index, html){})	使用匿名函數向指定元素內部後面插入節點。
appendTo(content)	將指定元素移入到指定元素 content 內部後面。
prepend(content)	向指定元素 content 內部的前面插入節點。
prepend(function(index, html){})	使用匿名函數向指定元素內部的前面插入節點。
prependTo(content)	將指定元素移入到指定元素 content 內部前面。

```
$('div').append('<strong>節點</strong>');  //向 div 內部插入 strong 節點
$('div').append(function(index, html){//使用匿名函數插入節點,html 是原節點
    return '<strong>節點</strong>';
});
$('span').appendTo('div');//將 span 節點移入 div 節點內
$('span').appendTo( $('div') );//同上
$('div').prepend('<span>節點</span>');  //將 span 插入到 div 內部的前面
$('div').append(function(index, html){//使用匿名函數,同上
    return '<span>節點</span>';
});
$('span').prependTo('div');//將 span 移入 div 內部的前面
$('span').prependTo( $('div') );//同上
```

表 6-2 　　　　　　　　　　　外部插入節點方法

方法名	描述
after(content)	向指定元素的外部後面插入節點 content。
after(function(index, html){})	使用匿名函數向指定元素的外部後面插入節點。
before(content)	向指定元素的外部前面插入節點 content。
before(function(index, html){})	使用匿名函數向指定元素的外部前面插入節點。
insertAfter(content)	將指定節點移到指定元素 content 外部的後面。
insertBefore(content)	將指定節點移到指定元素 content 外部的前面。

```
$('div').after('<span>節點</span>');  //向 div 的同級節點後面插入 span
$('div').after(function(index, html){//使用匿名函數,同上
    return '<span>節點</span>';
});
$('div').before('<span>節點</span>');  //向 div 的同級節點前面插入 span
$('div').before(function(index, html){//使用匿名函數,同上
    return '<span>節點</span>';
});
```

$('span').insertAfter('div');//將 span 元素移到 div 元素外部的後面
$('span').insertBefore('div');//將 span 元素移到 div 元素外部的前面

三、包裹節點

JQuery 提供了一系列方法用於包裹節點,那麼包裹節點是什麼意思呢?其實就是使用字符串代碼將指定元素的代碼包含著的意思。

表 6-3 包裹節點

方法名	描述
wrap(html)	向指定元素包裹一層 html 代碼。
wrap(element)	向指定元素包裹一層 DOM 對象節點。
wrap(function(index){})	使用匿名函數向指定元素包裹一層自定義內容。
unwrap()	移除一層指定元素包裹的內容。
wrapAll(html)	用 html 將所有元素包裹到一起。
wrapAll(element)	用 DOM 對象將所有元素包裹在一起。
wrapInner(html)	向指定元素的子內容包裹一層 html。
wrapInner(element)	向指定元素的子內容包裹一層 DOM 對象節點。
wrapInner(function(index){})	用匿名函數向指定元素的子內容包裹一層。

$('div').wrap('<strong></strong>');//在 div 外層包裹一層 strong
$('div').wrap('<strong>123</strong>');//包裹的元素可以帶內容
$('div').wrap('<strong><em></em></strong>');//包裹多個元素
$('div').wrap($('strong').get(0));//也可以包裹一個原生 DOM
$('div').wrap(function(index){//匿名函數
    return '<strong></strong>';
});
$('div').unwrap();//移除一層包裹內容,多個需移除多次
$('div').wrapAll('<strong></strong>');//所有 div 外面只包裹一層 strong
$('div').wrapAll($('strong').get(0));//同上
$('div').wrapInner('<strong></strong>');//包裹子元素內容
$('div').wrapInner($('strong').get(0));//DOM 節點
$('div').wrapInner(function(){//匿名函數
    return '<strong></strong>';
});

注意:.wrap()和.wrapAll()的區別在前者把每個元素當成一個獨立體,分別包含一層外層;後者將所有元素,一個整體作為一個獨立體,只包含一層外層。這兩種都是在外層包含,而.wrapInner()在內層包含。

四、節點操作

除了創建、插入和包裹節點外,JQuery 還提供了一些常規的節點操作方法:複製、替換和刪除節點。

//複製節點

$('body').append($('div').clone(true));//複製一個節點添加到 HTML 中

注意：clone(true)參數可以為空，表示只複製元素和內容，不複製事件行為。而加上 true 參數的話，這個元素附帶的事件處理行為也複製出來。

//刪除節點

$('div').remove();//直接刪除 div 元素

注意：.remove()不帶參數時，刪除前面對象選擇器指定的元素。而.remove()本身也可以帶選擇符參數的，比如：$('div').remove('#box');只刪除 id=box 的 div。

//保留事件的刪除節點

$('div').detach();//保留事件行為的刪除

注意：.remove()和.detach()都是刪除節點，而刪除後本身方法可以返回當前被刪除的節點對象，但區別在於前者在恢復時不保留事件行為，後者則會保留事件行為。

//清空節點

$('div').empty();//刪除掉節點裡的內容

//替換節點

$('div').replaceWith('節點')；//將 div 替換成 span 元素

$('節點').replaceAll('div')；//同上

注意：節點被替換後，所包含的事件行為就全部消失了。

第七章
表單選擇器

教學要點：

1. 常規選擇器；
2. 表單選擇器；
3. 表單過濾器。

教學重點：

1. 常規選擇器；
2. 表單選擇器；
3. 表單過濾器。

教學難點：

熟悉 JQuery 中表單選擇器用法，多種表單選擇器組合使用。

開篇：表單作為 HTML 中一種特殊的元素，操作方法較為多樣性和特殊性，開發者不但可以使用之前的常規選擇器或過濾器，也可以使用 JQuery 為表單專門提供的選擇器和過濾器來準確地定位表單元素。

一、常規選擇器

我們可以使用 id、類(class)和元素名來獲取表單字段，如果是表單元素，都必須含有 name 屬性，還可以結合屬性選擇器來精確定位。

$('input').val();//元素名定位，默認獲取第一個
$('input').eq(1).val();//同上，默認獲取第二個
$('input[type=password]').val();//選擇 type 為 password 的字段
$('input[name=user]').val();//選擇 name 為 user 的字段

那麼對於 id 和類(class)用法比較類似，也可以結合屬性選擇器來精確定位，這裡我們不再重複。對於表單中的其他元素名比如 textarea、select 和 button 等，原理一樣，這裡不再重複。

二、表單選擇器

雖然可以使用常規選擇器來對表單的元素進行定位，但有時還是不能滿足開發者靈

活多變的需求。所以，JQuery 為表單提供了專用的選擇器。

表 7-1　　　　　　　　　　　　表單選擇器

方法名	描述	返回
:input	選取所有 input、textarea、select 和 button 元素	集合元素
:text	選擇所有單行文本框，即 type＝text	集合元素
:password	選擇所有密碼框，即 type＝password	集合元素
:radio	選擇所有單選框，即 type＝radio	集合元素
:checkbox	選擇所有復選框，即 type＝checkbox	集合元素
:submit	選取所有提交按鈕，即 type＝submit	集合元素
:reset	選取所有重置按鈕，即 type＝reset	集合元素
:image	選取所有圖像按鈕，即 type＝image	集合元素
:button	選擇所有普通按鈕，即 button 元素	集合元素
:file	選擇所有文件按鈕，即 type＝file	集合元素
:hidden	選擇所有不可見字段，即 type＝hidden	集合元素

$(':input').size( );//獲取所有表單字段元素
$(':text).size( );//獲取單行文本框元素
$(':password').size( );//獲取密碼欄元素
$(':radio).size( );//獲取單選框元素
$(':checkbox).size( );//獲取復選框元素
$(':submit).size( );//獲取提交按鈕元素
$(':reset).size( );//獲取重置按鈕元素
$(':image).size( );//獲取圖片按鈕元素
$(':file).size( );//獲取文件按鈕元素
$(':button).size( );//獲取普通按鈕元素
$(':hidden).size( );//獲取隱藏字段元素

注意：這些選擇器都是返回元素集合，如果想獲取某一個指定的元素，最好結合一下屬性選擇器。比如：
　　$(':text[name＝user]).size( );//獲取單行文本框 name＝user 的元素

三、表單過濾器
　　JQuery 提供了四種表單過濾器，分別在是否可以用、是否選定來進行表單字段的篩選過濾。

表 7-2　　　　　　　　　　　　表單過濾器

方法名	描述	返回
:enabled	選取所有可用元素	集合元素
:disabled	選取所有不可用元素	集合元素

表7-2(續)

方法名	描述	返回
:checked	選取所有被選中的元素,單選和復選字段	集合元素
:selected	選取所有被選中的元素,下拉列表	集合元素

$(':enabled').size();//獲取可用元素

$(':disabled').size();//獲取不可用元素

$(':checked').size();//獲取單選、復選框中被選中的元素

$(':selected').size();//獲取下拉列表中被選中的元素

第八章
基礎事件

教學要點：

1. 綁定事件；
2. 簡寫事件；
3. 複合事件。

教學重點：

1. 綁定事件；
2. 簡寫事件；
3. 複合事件。

教學難點：

理解什麼是事件、在 JQuery 中的常用事件。

開篇：JavaScript 有一個非常重要的功能，就是事件驅動。當頁面完全加載後，用戶通過鼠標或鍵盤觸發頁面中綁定事件的元素即可觸發。JQuery 為開發者更有效率的編寫事件行為，封裝了大量有益的事件方法供我們使用。

一、綁定事件

在 JavaScript 課程的學習中，我們掌握了很多使用的事件，常用的事件有：click、dblclick、mousedown、mouseup、mousemove、mouseover、mouseout、change、select、submit、keydown、keypress、keyup、blur、focus、load、resize、scroll、error。那麼，還有更多的事件可以參考手冊中的事件部分。

JQuery 通過 .bind( ) 方法來為元素綁定這些事件。可以傳遞三個參數：bind(type，[data]，fn)，type 表示一個或多個類型的事件名字符串；[data] 是可選的，作為 event.data 屬性值傳遞一個額外的數據，這個數據是一個字符串、一個數字、一個數組或一個對象；fn 表示綁定到指定元素的處理函數。

//使用點擊事件

　　$ (' input ').bind(' click '，function ( ) {//點擊按鈕後執行匿名函數

　　　　alert(' 點擊！ ');

```javascript
});
//普通處理函數
 $('input').bind('click', fn);//執行普通函數式無須圓括號
function fn(){
    alert('點擊!');
}
//可以同時綁定多個事件
$('input').bind('mouseout mouseover', function(){//移入和移出分別執行一次
    $('div').html(function(index, value){
        return value + '1';
    });
});
//通過對象鍵值對綁定多個參數
$('input').bind({//傳遞一個對象
    'mouseout': function(){//事件名的引號可以省略
        alert('移出');
    },
    'mouseover': function(){
        alert('移入');
    }
});
//使用 unbind 刪除綁定的事件
$('input').unbind();//刪除所有當前元素的事件
//使用 unbind 參數刪除指定類型事件
$('input').unbind('click');//刪除當前元素的 click 事件
//使用 unbind 參數刪除指定處理函數的事件
function fn1(){
    alert('點擊1');
}
function fn2(){
    alert('點擊2');
}
$('input').bind('click', fn1);
$('input').bind('click', fn2);
$('input').unbind('click', fn1);//只刪除 fn1 處理函數的事件
```

二、簡寫事件

為了使開發者更加方便的綁定事件，JQuery 封裝了常用的事件以便節約更多的代碼。我們稱它為簡寫事件。

表 8-1　　　　　　　　　　簡寫事件綁定方法

方法名	觸發條件	描述
click(fn)	鼠標	觸發每一個匹配元素的 click(單擊) 事件
dblclick(fn)	鼠標	觸發每一個匹配元素的 dblclick(雙擊) 事件
mousedown(fn)	鼠標	觸發每一個匹配元素的 mousedown(點擊後) 事件
mouseup(fn)	鼠標	觸發每一個匹配元素的 mouseup(點擊彈起) 事件
mouseover(fn)	鼠標	觸發每一個匹配元素的 mouseover(鼠標移入) 事件
mouseout(fn)	鼠標	觸發每一個匹配元素的 mouseout(鼠標移出) 事件
mousemove(fn)	鼠標	觸發每一個匹配元素的 mousemove(鼠標移動) 事件
mouseenter(fn)	鼠標	觸發每一個匹配元素的 mouseenter(鼠標穿過) 事件
mouseleave(fn)	鼠標	觸發每一個匹配元素的 mouseleave(鼠標穿出) 事件
keydown(fn)	鍵盤	觸發每一個匹配元素的 keydown(鍵盤按下) 事件
keyup(fn)	鍵盤	觸發每一個匹配元素的 keyup(鍵盤按下彈起) 事件
keypress(fn)	鍵盤	觸發每一個匹配元素的 keypress(鍵盤按下) 事件
unload(fn)	文檔	當卸載本頁面時綁定一個要執行的函數
resize(fn)	文檔	觸發每一個匹配元素的 resize(文檔改變大小) 事件
scroll(fn)	文檔	觸發每一個匹配元素的 scroll(滾動條拖動) 事件
focus(fn)	表單	觸發每一個匹配元素的 focus(焦點激活) 事件
blur(fn)	表單	觸發每一個匹配元素的 blur(焦點丟失) 事件
focusin(fn)	表單	觸發每一個匹配元素的 focusin(焦點激活) 事件
focusout(fn)	表單	觸發每一個匹配元素的 focusout(焦點丟失) 事件
select(fn)	表單	觸發每一個匹配元素的 select(文本選定) 事件
change(fn)	表單	觸發每一個匹配元素的 change(值改變) 事件
submit(fn)	表單	觸發每一個匹配元素的 submit(表單提交) 事件

注意:這裡封裝的大部分方法都比較好理解,我們沒必要一一演示確認,重點看幾個需要注意區分的簡寫方法。

.mouseover( ) 和.mouseout( ) 表示鼠標移入和移出的時候觸發。那麼 JQuery 還封裝了另外一組:.mouseenter( ) 和.mouseleave( ) 表示鼠標穿過與穿出的時候觸發。那麼這兩組本質上有什麼區別呢? 手冊上的說明是:.mouseenter( ) 和.mouseleave( ) 這組穿過子元素不會觸發,而.mouseover( ) 和.mouseout( ) 則會觸發。

```
//HTML 頁面設置
<div style="width:200px;height:200px;background:green;">
    <p style="width:100px;height:100px;background:red;"></p>
</div>
<strong></strong>
//mouseover 移入
```

```javascript
$('div').mouseover(function(){//移入 div 會觸發,移入 p 再觸發
    $('strong').html(function(index,value){
        return value+'1';
    });
});
//mouseenter 穿過
$('div').mouseenter(function(){//穿過 div 或者 p
    $('strong').html(function(index,value){//在這個區域只觸發一次
        return value+'1';
    });
});
//mouseout 移出
$('div').mouseout(function(){//移出 p 會觸發,移出 div 再觸發
    $('strong').html(function(index,value){
        return value+'1';
    });
});
//mouseleave 穿出
$('div').mouseleave(function(){//移出整個 div 區域觸發一次
    $('strong').html(function(index,value){
        return value+'1';
    });
});
```

.keydown()、.keyup()返回的是鍵碼,而.keypress()返回的是字符編碼。

```javascript
$('input').keydown(function(e){
    alert(e.keyCode);//按下 a 返回 65
});
$('input').keypress(function(e){
    alert(e.charCode);//按下 a 返回 97
});
```

注意:e.keyCode 和 e.charCode 在兩種事件互換也會產生不同的效果,除了字符還有一些非字符鍵的區別。

.focus()和.blur()分別表示光標激活和丟失,事件觸發時機是當前元素。而.focusin()和.focusout()也表示光標激活和丟失,但事件觸發時機可以是子元素。

```html
//HTML 部分
<div style="width:200px;height:200px;background:red;">
    <input type="text" value="" />
</div>
<strong></strong>
```

//focus 光標激活

```
$('input').focus(function(){//當前元素觸發
    $('strong').html('123');
});
//focusin 光標激活
$('div').focusin(function(){//綁定的是 div 元素,子類 input 觸發
    $('strong').html('123');
});
```

注意:.blur()和.focusout()表示光標丟失,和激活類似,一個必須當前元素觸發,另一個可以是子元素觸發。

三、複合事件

JQuery 提供了許多最常用的事件效果,組合一些功能實現了一些複合事件,比如切換功能、智能加載等。

表 8-2　　　　　　　　　　　複合事件

方法名	描述
ready(fn)	當 DOM 加載完畢觸發事件
hover([fn1,]fn2)	當鼠標移入觸發第一個 fn1,移出觸發 fn2
toggle(fn1,fn2[,fn3..])	已廢棄,當鼠標點擊觸發 fn1,再點擊觸發 fn2...

```
//背景移入移出切換效果
$('div').hover(function(){
    $(this).css('background','black');//mouseenter 效果
},function(){
    $(this).css('background','red');//mouseleave 效果,可省略
});
```

注意:.hover()方法是結合了.mouseenter()方法和.mouseleva()方法,並非.mouseover()和.mouseout()方法。

.toggle()這個方法比較特殊,這個方法有兩層含義:第一層含義就是已經被 1.8 版廢用、1.9 版刪除的用法,也就是點擊切換複合事件的用法;第二層含我將會在動畫那章講解到。既然廢棄掉了,就不應該使用。被刪除的原因是:以減少混亂和提高潛在的模塊化程度。

但你又非常想用這個方法,並且不想自己編寫類似的功能,可以下載 jquery-migrate.js 文件,來向下兼容已被刪除掉的方法。

```
//背景點擊切換效果(1.9 版刪除了)
<script type="text/javascript" src="jquery-migrate-1.2.1.js"></script>
$('div').toggle(function(){//第一次點擊切換
    $(this).css('background','black');
},function(){//第二次點擊切換
    $(this).css('background','blue');
},function(){//第三次點擊切換
```

```
        $(this).css('background','red');
    });
```
　　注意:由於官方已經刪除掉這個方法,所以也是不推薦使用的,如果在不基於向下兼容的插件JS。我們可以自己實現這個功能。
```
    var flag = 1;//計數器
    $('div').click(function(){
        if(flag==1){//第一次點擊
            $(this).css('background','black');
            flag = 2;
        }else if(flag==2){//第二次點擊
            $(this).css('background','blue');
            flag = 3
        }else if(flag==3){//第三次點擊
            $(this).css('background','red');
            flag = 1
        }
    });
```

第九章
事件對象

教學要點：

1. 事件對象；
2. 冒泡和默認行為。

教學重點：

1. 事件對象；
2. 冒泡和默認行為。

教學難點：

事件冒泡。

開篇：JavaScript 在事件處理函數中默認傳遞了 event 對象，也就是事件對象。但由於瀏覽器的兼容性，開發者總是會做兼容方面的處理。JQuery 在封裝的時候，解決了這些問題，並且還創建了一些非常好用的屬性和方法。

一、事件對象

事件對象就是 event 對象，通過處理函數默認傳遞接受。之前處理函數的 e 就是 event 事件對象，event 對象有很多可用的屬性和方法，我們在 JavaScript 課程中已經詳細地瞭解過這些常用的屬性和方法。這裡，我們再一次演示一下。

//通過處理函數傳遞事件對象
```
$('input').bind('click', function(e){  //接受事件對象參數
    alert(e);
});
```

表 9-1　　　　　　　　　　　event 對象的屬性

屬性名	描述
type	獲取這個事件的事件類型，如 click
target	獲取綁定事件的 DOM 元素
data	獲取事件調用時的額外數據

表9-1(續)

屬性名	描述
relatedTarget	獲取移入移出目標點離開或進入的那個 DOM 元素
currentTarget	獲取冒泡前觸發的 DOM 元素，等同於 this
pageX/pageY	獲取相對於頁面原點的水平/垂直坐標
screenX/screenY	獲取顯示器屏幕位置的水平/垂直坐標(非 JQuery 封裝)
clientX/clientY	獲取相對於頁面視口的水平/垂直坐標(非 JQuery 封裝)
result	獲取上一個相同事件的返回值
timeStamp	獲取事件觸發的時間戳
which	獲取鼠標的左中右鍵(1,2,3)，或獲取鍵盤按鍵
altKey/shiftKey/ctrlKey/metaKey	獲取是否按下了 alt、shift、ctrl 這三個非 JQuery 封裝)或 meta 鍵(IE 原生 meta 鍵，JQuery 做了封裝)

```
//通過 event.type 屬性獲取觸發事件名
$('input').click(function(e){
    alert(e.type);
});
//通過 event.target 獲取綁定的 DOM 元素
$('input').click(function(e){
    alert(e.target);
});
//通過 event.data 獲取額外數據，可以是數字、字符串、數組、對象
$('input').bind('click',123,function(){//傳遞 data 數據
    alert(e.data);//獲取數字數據
});
```

注意：如果字符串就傳遞：'123'，如果是數組就傳遞：[123,'abc']，如果是對象就傳遞：{user:'Lee',age:100}。數組的調用方式是：e.data[1]，對象的調用方式是：e.data.user。

```
//event.data 獲取額外數據，對於封裝的簡寫事件也可以使用
$('input').click({user:'Lee',age:100},function(e){
    alert(e.data.user);
});
```

注意：鍵值對的鍵可以加上引號，也可以不加；在調用的時候也可以使用數組的方式：

```
    alert(e.data['user']);
//獲取移入到 div 之前的那個 DOM 元素
$('div').mouseover(function(e){
    alert(e.relatedTarget);
```

});
//獲取移出 div 之後到達最近的那個 DOM 元素
$('div').mouseout(function(e){
alert(e.relatedTarget);
});
//獲取綁定的那個 DOM 元素,相當於 this,區別於 event.target
$('div').click(function(e){
alert(e.currentTarget);
});
注意:event.target 得到的是觸發元素的 DOM,event.currentTarget 得到的是監聽元素的 DOM。而 this 也是得到監聽元素的 DOM。
//獲取上一次事件的返回值
$('div').click(function(e){
return '123';
});
$('div').click(function(e){
alert(e.result);
});
//獲取當前的時間戳
$('div').click(function(e){
alert(e.timeStamp);
});
//獲取鼠標的左中右鍵
$('div').mousedown(function(e){
alert(e.which);
});
//獲取鍵盤的按鍵
$('input').keyup(function(e){
alert(e.which);
});
//獲取是否按下了 ctrl 鍵,meta 鍵不存在,導致無法使用
$('input').click(function(e){
alert(e.ctrlKey);
});
//獲取觸發元素鼠標當前的位置
$(document).click(function(e){
alert(e.screenY+','+ e.pageY +','+ e.clientY);
});

二、冒泡和默認行為

如果在頁面中重疊了多個元素,並且重疊的這些元素都綁定了同一個事件,那麼就

會出現冒泡問題。
```
//HTML 頁面
<div style="width:200px;height:200px;background:red;">
    <input type="button" value="按鈕" />
</div>
//三個不同元素觸發事件
$('input').click(function(){
    alert('按鈕被觸發了！');
});
$('div').click(function(){
    alert('div 層被觸發了！');
});
$(document).click(function(){
    alert('文檔頁面被觸發了！');
});
```
注意：當我們點擊文檔的時候，只觸發文檔事件；當我們點擊 div 層時，觸發了 div 和文檔兩個；當我們點擊按鈕時，觸發了按鈕、div 和文檔。觸發的順序是從小範圍到大範圍。這就是所謂的冒泡現象，一層一層往上。

JQuery 提供了一個事件對象的方法：event.stopPropagation()。這個方法設置到需要觸發的事件上時，所有上層的冒泡行為都將被取消。
```
$('input').click(function(e){
    alert('按鈕被觸發了！');
    e.stopPropagation();
});
```
網頁中的元素，在操作的時候會有自己的默認行為。比如：右擊文本框輸入區域，會彈出系統菜單、點擊超連結會跳轉到指定頁面、點擊提交按鈕會提交數據。
```
$('a').click(function(e){
    e.preventDefault();
})
//禁止提交表單跳轉
$('form').submit(function(e){
    e.preventDefault();
});
```
注意：如果想讓上面的超連結同時阻止默認行為且禁止冒泡行為，可以把兩個方法同時寫上：event.stopPropagation() 和 event.preventDefault()。這兩個方法如果需要同時啟用的時候，還有一種簡寫方案代替，就是直接 return false。
```
$('a').click(function(e){
    return false;
});
```

表 9-2　　　　　　　　　　冒泡和默認行為的一些方法

方法名	描述
preventDefault( )	取消某個元素的默認行為
isDefaultPrevented( )	判斷是否調用了 preventDefault( )方法
stopPropagation( )	取消事件冒泡
isPropagationStopped( )	判斷是否調用了 stopPropagation( )方法
stopImmediatePropagation( )	取消事件冒泡，並取消該事件的後續事件處理函數
isImmediatePropagationStopped( )	判斷是否調用了 stopImmediatePropagation( )方法

```
//判斷是否取消了元素的默認行為
  $('input').keyup(function(e){
      e.preventDefault();
      alert(e.isDefaultPrevented());
});
//取消冒泡並取消後續事件處理函數
  $('input').click(function(e){
      alert('input');
      e.stopImmediatePropagation();
});
  $('input').click(function(){
      alert('input2');
});
  $(document).click(function(){
      alert('document');
});
//判斷是否調用了 stopPropagation()方法
  $('input').click(function(e){
      e.stopPropagation();
      alert(e.isPropagationStopped());
});
//判斷是否執行了 stopImmediatePropagation()方法
  $('input').click(function(e){
      e.stopImmediatePropagation();
      alert(e.isImmediatePropagationStopped());
});
```

第十章
高級事件

教學要點：

1. 模擬操作；
2. 命名空間；
3. 事件委託；
4. On、Off 和 One。

教學重點：

1. 模擬操作；
2. 命名空間；
3. 事件委託；
4. On、Off 和 One。

教學難點：

命名空間和事件委託。

開篇：JQuery 不但封裝了大量常用的事件處理，還提供了不少高級事件方便開發者使用。比如模擬用戶觸發事件、事件委託事件和統一整合的 on 與 off，以及僅執行一次的 one 方法。這些方法大大降低了開發者難度，提升了開發者的開發體驗。

一、模擬操作

在事件觸發的時候，有時我們需要一些模擬用戶行為的操作。例如，當網頁加載完畢後自行點擊一個按鈕觸發一個事件，而不是由用戶去點擊。

```
//點擊按鈕事件
$('input').click(function(){
    alert('我的第一次點擊來自模擬！');
});
//模擬用戶點擊行為
$('input').trigger('click');
```

//可以合併兩個方法
$('input').click(function(){
    alert('我的第一次點擊來自模擬！');
}).trigger('click');

有時在模擬用戶行為的時候，我們需要給事件執行傳遞參數，這個參數類似於event.data的額外數據，可以是數字、字符串、數組、對象。

$('input').click(function(e, data1, data2){
    alert(data1 + ',' + data2);
}).trigger('click', ['abc', '123']);

注意：當傳遞一個值的時候，直接傳遞即可。當兩個值以上時，需要在前後用中括號包含起來。但不能認為是數組形式，下面給出一個複雜的說明。

$('input').click(function(e, data1, data2){
    alert(data1.a + ',' + data2[1]);
}).trigger('click', [{'a':'1', 'b':'2'}, ['123','456']]);

除了通過JavaScript事件名觸發，也可以通過自定義的事件觸發。所謂自定義事件，其實就是一個被.bind()綁定的任意函數。

$('input').bind('myEvent', function(){
    alert('自定義事件！');
}).trigger('myEvent');

.trigger()方法提供了簡寫方案，只要想讓某個事件執行模擬用戶行為，直接再調用一個空的同名事件即可。

$('input').click(function(){
    alert('我的第一次點擊來自模擬！');
}).click();//空的click()執行的是trigger()

這種便捷的方法，JQuery幾乎所有常用的事件都提供了。

表10-1

blur	focusin	mousedown	resize
change	focusout	mouseenter	scroll
click	keydown	mouseleave	select
dblclick	keypress	mousemove	submit
error	keyup	mouseout	unload
focus	load	mouseover	

JQuery還提供了另外一個模擬用戶行為的方法：.triggerHandler()；這個方法的使用和.trigger()方法一樣。

$('input').click(function(){
    alert('我的第一次點擊來自模擬！');
}).triggerHandler('click');

在常規的使用情況下，兩者幾乎沒有區別，都是模擬用戶行為，也可以傳遞額外參

數。但在某些特殊情況下,就產生了差異:

(1) triggerHandler( )方法並不會觸發事件的默認行為,而.trigger( )會。

　　$('form').trigger('submit');//模擬用戶執行提交,並跳轉到執行頁面

　　$('form').triggerHandler('submit');//模擬用戶執行提交,並阻止的默認行為

如果我們希望使用.trigger( )來模擬用戶提交,並且阻止事件的默認行為,則需要這麼寫:

　　$('form').submit(function(e){
　　　　e.preventDefault();//阻止默認行為
　　}).trigger('submit');

(2) triggerHandler( )方法只會影響第一個匹配到的元素,而.trigger( )會影響所有。

(3) triggerHandler( )方法會返回當前事件執行的返回值,如果沒有返回值,則返回 undefined;而.trigger( )則返回當前包含事件觸發元素的 JQuery 對象(方便鏈式連綴調用)。

　　alert($('input').click(function(){
　　　　return 123;
　　}).triggerHandler('click'));//返回 123,沒有 return 返回

(4) trigger( )在創建事件的時候,會冒泡。但這種冒泡是自定義事件才能體現出來,是 JQuery 擴展於 DOM 的機制,並非 DOM 特性。而.triggerHandler( )不會冒泡。

　　var index = 1;
　　$('div').bind('myEvent',function(){
　　　　alert('自定義事件' + index);
　　　　index++;
　　});
　　$('.div3').trigger("myEvent");

二、命名空間

有時,我們想對事件進行移除。但對於同名同元素綁定的事件移除往往比較麻煩,這個時候,可以使用事件的命名空間解決。

　　$('input').bind('click.abc', function(){
　　　　alert('abc');
　　});
　　$('input').bind('click.xyz', function(){
　　　　alert('xyz');
　　});
　　$('input').unbind('click.abc');//移除 click 事件中命名空間為 abc 事件

注意:也可以直接使用('.abc'),這樣,可以移除相同命名空間的不同事件。對於模擬操作.trigger( )和.triggerHandler( ),其用法也是一樣的。

　　$('input').trigger('click.abc');

三、事件委託

什麼是事件委託?用現實中的理解就是:有 100 個學生同時在某天中午收到快遞,但這 100 個學生不可能同時站在學校門口等,那麼都會委託門衛去收取,然後再逐個交給學生。而在 JQuery 中,我們通過事件冒泡的特性,讓子元素綁定的事件冒泡到父元素

(或祖先元素)上，然後再進行相關處理即可。

如果一個企業級應用做報表處理，表格有 2,000 行，每一行都有一個按鈕處理。如果用之前的.bind( )處理，那麼就需要綁定 2,000 個事件，就好比 2,000 個學生同時站在學校門口等快遞，不斷會堵塞路口，還會發生各種意外。這種情況放到頁面上也是一樣，可能導致頁面極度變慢或直接異常。而且，2,000 個按鈕使用 ajax 分頁的話,.bind( )方法無法動態綁定尚未存在的元素。這就好比新轉學的學生，快遞員無法驗證他的身分，就可能收不到快遞。

```
//HTML 部分
<div style="background:red;width:200px;height:200px;" id="box">
    <input type="button" value="按鈕" class="button" />
</div>
//使用.bind( )不具備動態綁定功能,只有點擊原始按鈕才能生成
$('.button').bind('click', function () {
    $(this).clone().appendTo('#box');
});
//使用.live( )具備動態綁定功能,JQuery1.3 使用,JQuery1.7 之後廢棄,JQuery1.9 刪除
$('.button').live('click', function () {
    $(this).clone().appendTo('#box');
});
```

.live( )原理就是把 click 事件綁定到祖先元素 $(document)上，而只需要給 $(document)綁定一次即可，而非 2,000 次。然後，就可以處理後續動態加載的按鈕的單擊事件。在接受任何事件時，$(document)對象都會檢查事件類型(event.type)和事件目標(event.target)。如果 click 事件是.button,那麼就執行委託給它的處理程序,.live( )方法已經被刪除，無法使用了。需要測試使用的話，需要引入向下兼容插件。

```
//.live( )無法使用連結連綴調用,因為參數的特性導致
$('#box').children(0).live('click', function () {
    $(this).clone().appendTo('#box');
});
```

在上面的例子中，我們使用了.clone( )克隆。其實如果想把事件行為複製過來，我們只需要傳遞 true 即可:.clone(true)。這樣也能實現類似事件委託的功能，但原理截然不同。一個是複製事件行為，另一個是事件委託。而在非克隆操作下，此類功能只能使用事件委託。

```
$('.button').live('click', function () {
    $('<input type="button" value="複製的" class="button" />').appendTo('#box');
});
```

當我們需要停止事件委託的時候，可以使用.die( )來取消。

```
$('.button').die('click');
```

由於.live( )和.die( )在 JQuery1.4.3 版本中廢棄了，之後推出語義清晰、減少冒泡傳

播層次又支持連結連綴調用方式的方法:.delegate()和.undelegate()。但這個方法在JQuery1.7版本中被.on()方法整合替代了。

```
$('#box').delegate('.button', 'click', function(){
    $(this).clone().appendTo('#box');
});
$('#box').undelegate('.button','click');
//支持連綴調用方式
$('div').first().delegate('.button', 'click', function(){
    $(this).clone().appendTo('div:first');
});
```

注意:.delegate()需要指定父元素,第一個參數是當前元素,第二個參數是事件方式,第三個參數是執行函數。和.bind()方法一樣,可以傳遞額外參數。.undelegate()和.unbind()方法一樣可以直接刪除所有事件,比如:.undelegate('click')。也可以刪除命名空間的事件,比如:.undelegate('click.abc')。

注意:.live()和.delegate()與.bind()方法一樣都是事件綁定,那麼區別也很明顯,用途上遵循以下兩個規則:①在 DOM 中很多元素綁定相同事件時;②在 DOM 中尚不存在即將生成的元素綁定事件時。我們推薦使用事件委託的綁定方式,否則推薦使用.bind()的普通綁定。

四、on、off 和 one

目前綁定事件和解綁的方法有三組共六個。由於這三組的共存可能會造成一定的混亂,為此 JQuery1.7 以後推出了.on()和.off()方法徹底摒棄前面三組。

```
//替代.bind()方式
$('.button').on('click', function(){
    alert('替代.bind()');
});
//替代.bind()方式,並使用額外數據和事件對象
$('.button').on('click', {user:'Lee'}, function(e){
    alert('替代.bind()' + e.data.user);
});
//替代.bind()方式,並綁定多個事件
$('.button').on('mouseover mouseout', function(){
    alert('替代.bind()移入移出!');
});
//替代.bind()方式,以對象模式綁定多個事件
$('.button').on({
    mouseover: function(){
        alert('替代.bind()移入!');
    },
    mouseout: function(){
        alert('替代.bind()移出!');
```

```
    }
});
//替代.bind()方式,阻止默認行為並取消冒泡
$('form').on('submit', function() {
    return false;
});
或
$('form').on('submit', false);
//替代.bind()方式,阻止默認行為
$('form').on('submit', function(e) {
    e.preventDefault();
});
//替代.bind()方式,取消冒泡
$('form').on('submit', function(e) {
    e.stopPropagation();
});
//替代.unbind()方式,移除事件
$('.button').off('click');
$('.button').off('click', fn);
$('.button').off('click.abc');
//替代.live()和.delegate(),事件委託
$('#box').on('click', '.button', function() {
    $(this).clone().appendTo('#box');
});
//替代.die()和.undelegate(),取消事件委託
$('#box').off('click', '.button');
```

注意：和之前方式一樣，事件委託和取消事件委託也有各種搭配方式，比如額外數據、命名空間等，這裡不再贅述。

不管是.bind()還是.on()，綁定事件後都不是自動移除事件的，需要通過.unbind()和.off()來手工移除。JQuery 提供了.one()方法，綁定元素執行完畢後自動移除事件，僅觸發一次的事件。

```
//類似於.bind()只觸發一次
$('.button').one('click', function() {
    alert('one 僅觸發一次！');
});
//類似於.delegate()只觸發一次
$('#box').one('click', 'click', function() {
    alert('one 僅觸發一次！');
});
```

第十一章
動畫效果

教學要點：

1. 顯示、隱藏；
2. 滑動、卷動；
3. 淡入、淡出；
4. 自定義動畫；
5. 列隊動畫方法；
6. 動畫相關方法；
7. 動畫全局屬性。

教學重點：

1. 顯示、隱藏；
2. 滑動、卷動；
3. 淡入、淡出；
4. 自定義動畫；
5. 列隊動畫方法；
6. 動畫相關方法；
7. 動畫全局屬性。

教學難點：

事件冒泡。

開篇：在以前很長一段時間裡，網頁上的各種特效還需要採用 flash 在進行。但最近幾年裡，我們已經很少看到這種情況了，絕大部分已經使用 JavaScript 動畫效果來取代 flash。這裡說的取代是網頁特效部分，而不是動畫。網頁特效比如漸變菜單、漸進顯示、圖片輪播等；而動畫比如故事情節廣告、MV 等。

一、顯示、隱藏

JQuery 中的顯示方法為:.show( )，隱藏方法為:.hide( )。在無參數的時候，只是硬性的顯示內容和隱藏內容。

```
$('.show').click(function(){ //顯示
    $('#box').show();
});
$('.hide').click(function(){ //隱藏
    $('#box').hide();
});
```
注意:.hide()方法其實就是在行內設置 CSS 代碼:display:none。而.show()方法要根據原來元素是區塊還是內聯來決定,如果是區塊,則設置 CSS 代碼:display:block。如果是內聯,則設置 CSS 代碼:display:inline。

在.show()和.hide()方法中可以傳遞一個參數,這個參數以毫秒(1,000 毫秒等於 1 秒鐘)來控制速度。並且包含了勻速變大變小,以及透明度變換。

```
$('.show').click(function(){
    $('#box').show(1000); //顯示用了 1 秒
});
$('.hide').click(function(){
    $('#box').hide(1000); //隱藏用了 1 秒
});
```

除了直接使用毫秒來控制速度外,JQuery 還提供了三種預設速度參數字符串:slow、normal 和 fast,分別對應 600 毫秒、400 毫秒和 200 毫秒。

```
$('.show').click(function(){
    $('#box').show('fast'); //200 毫秒
});
$('.hide').click(function(){
    $('#box').hide('slow'); //600 毫秒
});
```

注意:不管是傳遞毫秒數還是傳遞預設字符串,如果不小心傳遞錯誤或者傳遞空字符串。那麼它將採用默認值:400 毫秒。

```
$('.show').click(function(){
    $('#box').show(''); //默認 400 毫秒
});
//使用.show()和.hide()的回調函數,可以實現列隊動畫效果
$('.show').click(function(){
    $('#box').show('slow', function(){
        alert('動畫持續完畢後,執行我!');
    });
});
//列隊動畫,使用函數名調用自身
$('.show').click(function(){
    $('div').first().show('fast', function showSpan(){
        $(this).next().show('fast', showSpan);
```

```
        });
    });
    //列隊動畫,使用 arguments.callee 匿名函數自調用
    $('.hide').click(function(){
        $('div').last().hide('fast',function(){
            $(this).prev().hide('fast',arguments.callee);
        });
    });
```

我們在使用.show()和.hide()的時候,如果需要一個按鈕切換操作,需要進行一些條件判斷。而 JQuery 提供給我們一個類似功能的獨立方法:.toggle()。

```
    $('.toggle').click(function(){
        $(this).toggle('slow');
    });
```

二、滑動、卷動

JQuery 提供了一組改變元素高度的方法:.slideUp()、.slideDown()和.slideToggle()。顧名思義,向上收縮(卷動)和向下展開(滑動)。

```
    $('.down').click(function(){
        $('#box').slideDown();
    });
    $('.up').click(function(){
        $('#box').slideUp();
    });
    $('.toggle').click(function(){
        $('#box').slideToggle();
    });
```

注意:滑動、卷動效果和顯示、隱藏效果一樣,具有相同的參數。

三、淡入、淡出

JQuery 提供了一組專門用於透明度變化的方法:.fadeIn()和.fadeOut(),分別表示淡入、淡出。當然,還有一個自動切換的方法:.fadeToggle()。

```
    $('.in').click(function(){
        $('#box').fadeIn('slow');
    });
    $('.out').click(function(){
        $('#box').fadeOut('slow');
    });
    $('.toggle').click(function(){
        $('#box').fadeToggle();
    });
```

上面三個透明度方法只能是從 0 到 100,或者從 100 到 0,如果我們想設置指定值就沒有辦法了。而 JQuery 為瞭解決這個問題提供了.fadeTo()方法。

```
$('.toggle').click(function(){
    $('#box').fadeTo('slow', 0.33);//0.33 表示值為 33
});
```

注意：淡入、淡出效果和顯示、隱藏效果一樣，具有相同的參數。對於.fadeTo()方法，如果本身透明度大於指定值，會淡出；否則相反。

四、自定義動畫

JQuery 提供了幾種簡單常用的固定動畫方便我們使用。但有些時候，這些簡單動畫無法滿足我們更加複雜的需求。這時候，JQuery 提供了一個.animate()方法來創建我們的自定義動畫，滿足更多複雜多變的要求。

```
$('.animate').click(function(){
    $('#box').animate({
        'width':'300px',
        'height':'200px',
        'fontSize':'50px',
        'opacity':0.5
    });
});
```

注意：一個 CSS 變化就是一個動畫效果。上面的例子中，已經有四個 CSS 變化，已經實現了多重動畫同步運動的效果。

必傳的參數只有一個，就是一個鍵值對 CSS 變化樣式的對象。還有兩個可選參數分別為速度和回調函數。

```
$('.animate').click(function(){
    $('#box').animate({
        'width':'300px',
        'height':'200px'
    }, 1000, function(){
        alert('動畫執行完畢執行我！');
    });
});
```

到目前位置，我們都是創建的固定位置不動的動畫。如果想要實現運動狀態的位移動畫，那麼就必須使用自定義動畫，並且結合 CSS 的絕對定位功能。

```
$('.animate').click(function(){
    $('#box').animate({
        'top':'300px',//先必須設置 CSS 絕對定位
        'left':'200px'
    });
});
```

在自定義動畫中，每次開始運動都必須是初始位置或初始狀態，而有時我們想通過當前位置或狀態下再進行動畫。JQuery 提供了自定義動畫的累加、累減功能。

```
$('.animate').click(function(){
```

```
        $('#box').animate({
            'left': '+=100px',
        });
    });
```

自定義實現列隊動畫的方式，有兩種：①在回調函數中再執行一個動畫；②通過連綴或順序來實現列隊動畫。

```
//通過依次順序實現列隊動畫
    $('.animate').click(function(){
        $('#box').animate({'left':'100px'});
        $('#box').animate({'top':'100px'});
        $('#box').animate({'width':'300px'});
    });
```

注意：如果不是同一個元素，就會實現同步動畫

```
//通過連綴實現列隊動畫
    $('.animate').click(function(){
        $('#box').animate({
            'left':'100px'
        }).animate({
            'top':'100px'
        }).animate({
            'width':'300px'
        });
    });
```

```
//通過回調函數實現列隊動畫
    $('.animate').click(function(){
        $('#box').animate({
            'left':'100px'
        },function(){
            $('#box').animate({
                'top':'100px'
            },function(){
                $('#box').animate({
                    'width':'300px'
                });
            });
        });
    });
```

五、列隊動畫方法

之前我們已經可以實現列隊動畫了，如果是同一個元素，可以依次順序或連綴調用。如果是不同元素，可以使用回調函數。但有時列隊動畫太多，回調函數的可讀性大大降

低。為此,JQuery 提供了一組專門用於列隊動畫的方法。

```
//連綴無法實現按順序列隊
$('#box').slideUp('slow').slideDown('slow').css('background', 'orange');
```

注意:如果動畫方法連綴可以實現依次列隊,而.css()方法不是動畫方法,會在一開始傳入列隊之前。那麼,可以採用動畫方法的回調函數來解決。

```
//使用回調函數,強行將.css()方法排隊到.slideDown()之後
$('#box').slideUp('slow').slideDown('slow', function () {
    $(this).css('background', 'orange');
});
```

但如果這樣的話,當列隊動畫繁多的時候,可讀性不但下降,而原本的動畫方法不夠清晰。所以,我們的想法是每個操作都是自己獨立的方法。那麼 JQuery 提供了一個類似於回調函數的方法:.queue()。

```
//使用.queue()方法模擬動畫方法跟隨動畫方法之後
$('#box').slideUp('slow').slideDown('slow').queue(function () {
    $(this).css('background', 'orange');
});
```

現在,我們想繼續在.queue()方法後面再增加一個隱藏動畫,這時發現居然無法實現。這是.queue()特性導致的。有兩種方法可以解決這個問題,JQuery 的.queue()的回調函數可以傳遞一個參數,這個參數是 next 函數,在結尾處調用這個 next()方法即可再連綴執行列隊動畫。

```
//使用 next 參數來實現繼續調用列隊動畫
$('#box').slideUp('slow').slideDown('slow').queue(function (next) {
    $(this).css('background', 'orange');
    next();
}).hide('slow');
```

因為 next 函數是 JQuery1.4 版本以後才出現的,而之前我們普遍使用的是.dequeue()方法。意思為執行下一個元素列隊中的函數。

```
//使用.dequeue()方法執行下一個函數動畫
$('#box').slideUp('slow').slideDown('slow').queue(function () {
    $(this).css('background', 'orange');
    $(this).dequeue();
}).hide('slow');
```

如果採用順序調用,那麼使用列隊動畫方法,就非常清晰了,每一段代表一個列隊,而回調函數的嵌套就會雜亂無章。

```
//使用順序調用的列隊,逐個執行,非常清晰
$('#box').slideUp('slow');
$('#box').slideDown('slow');
$('#box').queue(function () {
    $(this).css('background', 'orange');
    $(this).dequeue();
```

```
});
$('#box').hide('slow');
```

.queue()方法還有一個功能，就是可以得到當前動畫列隊的長度。當然，這個用法在普通 Web 開發中用得比較少，這裡我們不做詳細探討。

```
//獲取當前列隊的長度,fx 是默認列隊的參數
function count() {
    return $("#box").queue('fx').length;
}
//在某個動畫處調用
$('#box').slideDown('slow', function () {alert(count());});
```

JQuery 還提供了一個清理列隊的功能方法:.clearQueue()。把它放入一個列隊的回調函數或.queue()方法裡，就可以把剩下為執行的列隊給移除。

```
//清理動畫列隊
$('#box').slideDown('slow', function () { $(this).clearQueue()});
```

六、動畫相關方法

很多時候需要停止正在運行中的動畫,JQuery 為此提供了一個.stop()方法。它有兩個可選參數:.stop(clearQueue, gotoEnd);clearQueue 傳遞一個布爾值，代表是否清空未執行完的動畫列隊，gotoEnd 代表是否直接將正在執行的動畫跳轉到末狀態。

```
//強制停止運行中的
$('.stop').click(function () {
    $('#box').stop();
});
//帶參數的強制運行
$('.animate').click(function () {
    $('#box').animate({
        'left': '300px'
    }, 1,000);
    $('#box').animate({
        'bottom': '300px'
    }, 1,000);
    $('#box').animate({
        'width': '300px'
    }, 1,000);
    $('#box').animate({
        'height': '300px'
    }, 1,000);
});
$('.stop').click(function () {
    $('#box').stop(true,true);
});
```

注意：第一個參數表示是否取消列隊動畫，默認為 false。如果參數為 true，當有列隊動畫的時候，會取消後面的列隊動畫。第二參數表示是否到達當前動畫結尾，默認為 false。如果參數為 true，則停止後立即到達末尾處。

有時在執行動畫或列隊動畫時，需要在運動之前有延遲執行，JQuery 為此提供了 .delay() 方法。這個方法可以在動畫之前設置延遲，也可以在列隊動畫中間加上。

```
//開始延遲1秒鐘,中間延遲1秒
$('.animate').click(function(){
    $('#box').delay(1,000).animate({
        'left':'300px'
    },1,000);
    $('#box').animate({
        'bottom':'300px'
    },1,000);
    $('#box').delay(1,000).animate({
        'width':'300px'
    },1,000);
    $('#box').animate({
        'height':'300px'
    },1,000);
});
```

在選擇器的基礎章節中，我們提到過一個過濾器：animated。通過這個過濾器可以判斷出當前運動的動畫是哪個元素。通過這個特點，我們可以避免因為用戶快速在某個元素執行動畫時，由於動畫累積而導致的動畫和用戶的行為不一致。

```
//遞歸執行自我,無線循環播放
$('#box').slideToggle('slow',function(){
    $(this).slideToggle('slow',arguments.callee);
});
//停止正在運動的動畫,並且設置紅色背景
$('.button').click(function(){
    $('div:animated').stop().css('background','red');
});
```

七、動畫全局屬性

JQuery 提供了兩種全局設置的屬性，分別為：$.fx.interval，設置每秒運行的幀數；$.fx.off，關閉頁面上所有的動畫。

$.fx.interval 屬性可以調整動畫每秒的運行幀數，默認為 13 毫秒。數字越小越流暢，但可能影響瀏覽器的性能。

```
//設置運行幀數為1,000毫秒
$.fx.interval=1,000;//默認為13
$('.button').click(function(){
    $('#box').toggle(3,000);
```

});

　　$.fx.off 屬性可以關閉所有動畫效果,在非常低端的瀏覽器,動畫可能會出現各種異常問題導致錯誤。而 JQuery 設置這個屬性,就是用於關閉動畫效果的。

　　//設置動畫為關閉 true

　　$.fx.off = true;//默認為 false

　　補充:在.animate()方法中,還有一個參數 easing。這個參數的大部分參數值需要通過插件來使用。自帶的參數有兩個:swing(緩動)和 linear(勻速),默認為 swing。

```
$('.button').click(function(){
    $('#box').animate({
        left:'800px'
    },'slow','swing');
    $('#pox').animate({
        left:'800px'
    },'slow','linear');
});
```

第十二章
AJAX

教學要點：

1. AJAX 概述；
2. load( ) 方法；
3. $.get( ) 和 $.post( )；
4. $.getScript( ) 和 $.getJSON( )；
5. $.ajax( ) 方法；
6. 表單序列化。

教學重點：

1. AJAX 概述；
2. load( ) 方法；
3. $.get( ) 和 $.post( )；
4. $.getScript( ) 和 $.getJSON( )；
5. $.ajax( ) 方法；
6. 表單序列化。

教學難點：

理解什麼是 AJAX 及 JQuery 中的各種 AJAX 操作的方法。

開篇：AJAX 全稱為「Asynchronous JavaScript and XML」（異步 JavaScript 和 XML），它並不是 JavaScript 的一種單一技術，而是利用了一系列交互式網頁應用相關的技術所形成的結合體。使用 AJAX，我們可以無刷新狀態更新頁面，並且實現異步提交，提升了用戶體驗。

一、AJAX 概述

AJAX 這個概念是由 Jesse James Garrett 在 2005 年發明的。它本身不是單一技術，而是一串技術的集合。主要有：

（1）JavaScript，通過用戶或其他與瀏覽器相關事件捕獲交互行為。
（2）XMLHttpRequest 對象。通過這個對象可以在不中斷其他瀏覽器任務的情況下向服務器發送請求。

(3)服務器上的文件,以 XML、HTML 或 JSON 格式保存文本數據。

(4)其他 JavaScript,解釋來自服務器的數據(比如 PHP 從 MySQL 獲取的數據)並將其呈現到頁面上。

由於 AJAX 包含眾多特性,優勢與不足也非常明顯。

AJAX 優勢主要有以下幾點:

(1)不需要插件支持(一般瀏覽器且默認開啓 JavaScript 即可);

(2)用戶體驗極佳(不刷新頁面即可獲取可更新的數據);

(3)提升 Web 程序的性能(在傳遞數據方面做到按需放松,不必整體提交);

(4)減輕服務器和帶寬的負擔(將服務器的一些操作轉移到客戶端)。

AJAX 的不足有以下幾點:

(1)不同版本的瀏覽器度 XMLHttpRequest 對象支持度不足(比如 IE5 之前);

(2)前進、後退的功能被破壞(AJAX 永遠在當前頁);

(3)搜索引擎的支持度不夠(搜索引擎還不能理解 JS 引起變化數據的內容);

(4)開發調試工具缺乏(相對於其他語言的工具集來說,JS 或 AJAX 調試開發較少)。

異步和同步:

使用 AJAX 最關鍵的地方,就是實現異步請求、接受回應及執行回調。那麼異步與同步有什麼區別呢?我們普通的 Web 程序開發基本都是同步的,意為執行一段程序才能執行下一段,類似電話中的通話,一個電話接完才能接聽下個電話;而異步可以同時執行多條任務,感覺有多條線路,類似於短信,不會因為看一條短信而停止接受另一條短信。AJAX 也可以使用同步模式執行,但同步的模式屬於阻塞模式,這樣會導致多條線路執行時又必須一條一條執行,會讓 Web 頁面出現假死狀態,所以,一般 AJAX 大部分採用異步模式。

二、load( )方法

JQuery 對 AJAX 做了大量的封裝,我們使用起來也較為方便,不需要去考慮瀏覽器的兼容性。對於封裝的方式,JQuery 採用了三層封裝:最底層的封裝方法為 $.ajax( )。第二層包括以下三種方法:.load( )、$.get( ) 和 $.post( )。最高層包括 $.getScript( ) 和 $.getJSON( )方法。

.load( )方法有三個參數:url(必須,請求 html 文件的 url 地址,參數類型為 String)、data(可選,發送的 key/value 數據,參數類型為 Object)、callback(可選,成功或失敗的回調函數,參數類型為函數 Function)。

如果想讓 AJAX 異步載入一段 HTML 內容,我們只需要一個 HTML 請求的 url 即可。

```
//HTML
<input type="button" value="異步獲取數據" />
    <div id="box"></div>
//JQuery
 $('input').click(function() {
     $('#box').load('test.html');
});
```

如果想對載入的 HTML 進行篩選,那麼只要在 url 參數後面跟著一個選擇器即可。

//帶選擇器的 url

```
$('input').click(function(){
    $('#box').load('test.html .my');
});
```

如果是服務器文件,比如.php。一般不僅需要載入數據,還需要向服務器提交數據,那麼我們就可以使用第二個可選參數 data。向服務器提交數據有兩種方式:get 和 post。

```
//不傳遞 data,則默認 get 方式
$('input').click(function(){
    $('#box').load('test.php?url=ycku');
});
//get 方式接受的 PHP
<?php
    if($_GET['url']=='ycku'){
        echo '瓢城 Web 俱樂部官網';
    }else{
        echo '其他網站';
    }
?>
//傳遞 data,則為 post 方式
$('input').click(function(){
    $('#box').load('test.php',{
        url:'ycku'
    });
});
//post 方式接受的 PHP
<?php
    if($_POST['url']=='ycku'){
        echo '瓢城 Web 俱樂部官網';
    }else{
        echo '其他網站';
    }
?>
```

在 AJAX 數據載入完畢之後,就能執行回調函數 callback,也就是第三個參數。回調函數也可以傳遞三個可選參數:responseText(請求返回)、textStatus(請求狀態)、XMLHttpRequest(XMLHttpRequest 對象)。

```
$('input').click(function(){
    $('#box').load('test.php',{
        url:'ycku'
    },function(response,status,xhr){
        alert('返回的值為:'+response+',狀態為:'+status+',狀態是:'+xhr.statusText);
    });
});
```

```
        });
    });
```

注意：status 得到的值，如果成功返回數據則為 success，否則為 error。XMLHttpRequest 對象屬於 JavaScript 範疇，可以調用一些屬性，見表 12-1。

表 12-1

屬性名	說明
responseText	作為回應主體被返回的文本
responseXML	如果回應主體內容類型是 "text/xml" 或 "application/xml"，則返回包含回應數據的 XML DOM 文檔
status	回應的 HTTP 狀態
statusText	HTTP 狀態的說明

如果成功返回數據，那麼 xhr 對象的 statusText 屬性則返回 'OK' 字符串。除了 'OK' 的狀態字符串，statusText 屬性還提供了一系列其他的值，見表 12-2。

表 12-2

HTTP 狀態碼	狀態字符串	說明
200	OK	服務器成功返回了頁面
400	Bad Request	語法錯誤導致服務器不識別
401	Unauthorized	請求需要用戶認證
404	Not found	指定的 URL 在服務器上找不到
500	Internal Server Error	服務器遇到意外錯誤，無法完成請求
503	ServiceUnavailable	由於服務器過載或維護導致無法完成請求

三、$.get( ) 和 $.post( )

.load( ) 方法是局部方法，因為它需要一個包含元素的 JQuery 對象作為前綴。而 $.get( ) 和 $.post( ) 是全局方法，無須指定某個元素。對於用途而言，.load( ) 適合做靜態文件的異步獲取，而對於需要傳遞參數到服務器頁面的，$.get( ) 和 $.post( ) 更加合適。

$.get( ) 方法有四個參數，前面三個參數和 .load( ) 一樣，多了一個第四參數 type，即服務器返回的內容格式，包括 xml、html、script、json、jsonp 和 text。第一個參數為必選參數，後面三個為可選參數。

```
//使用 $.get( ) 異步返回 html 類型
$('input').click(function () {
    $.get('test.php', {
        url: 'ycku'
    }, function (response, status, xhr) {
        if (status == 'success') {
            $('#box').html(response);
        }
```

})//type 自動轉為 html
});
注意：第四參數 type 是指定異步返回的類型。一般情況下，type 參數是智能判斷，並不需要我們主動設置；如果主動設置，則會強行按照指定類型格式返回。

//使用 $.get() 異步返回 xml
$('input').click(function () {
　　$.get('test.xml', function (response, status, xhr) {
　　　　$('#box').html($(response).find('root').find('url').text());
　　});//type 自動轉為 xml
});

注意：如果載入的是 xml 文件，type 會智能判斷。如果強行設置 html 類型返回，則會把 xml 文件當成普通數據全部返回，而不會按照 xml 格式解析數據。

//使用 $.get() 異步返回 json
$.get('test.json', function (response, status, xhr) {
　　alert(response[0].url);
});

$.post() 方法的使用和 $.get() 基本上一致，它們之間的區別也比較隱晦，基本都是背後的不同，在用戶使用上體現不出來。具體區別如下：
(1) GET 請求是通過 URL 提交的，而 POST 請求則是通過 HTTP 消息實體提交的；
(2) GET 提交有大小限制(2KB)，而 POST 方式不受限制；
(3) GET 方式會被緩存下來，可能有安全性問題，而 POST 沒有這個問題；
(4) GET 方式通過 $_GET[ ] 獲取，POST 方式通過 $_POST[ ] 獲取。

//使用 $.post() 異步返回 html
$.post('test.php', {
　　url: 'ycku'
}, function (response, status, xhr) {
　　$('#box').html(response);
});

四、$.getScript() 和 $.getJSON()

JQuery 提供了一組用於特定異步加載的方法：$.getScript() 用於加載特定的 JS 文件；$.getJSON() 用於專門加載 JSON 文件。

有時我們希望能夠特定的情況再加載 JS 文件，而不是一開始把所有的 JS 文件都加載了，這時課時使用 $.getScript() 方法。

//點擊按鈕後再加載 JS 文件
$('input').click(function () {
　　$.getScript('test.js');
});

$.getJSON() 方法是專門用於加載 JSON 文件的，使用方法和之前的類似。
$('input').click(function () {
　　$.getJSON('test.json', function (response, status, xhr) {

```
        alert(response[0].url);
    });
});
```

五、$.AJAX( )

$.AJAX( )是所有 AJAX 方法中最底層的方法，所有其他方法都是基於 $.AJAX( )方法的封裝。這個方法只有一個參數，傳遞一個各個功能鍵值對的對象。

表 12-3　　　　　　　　　$.AJAX( )方法對象參數表

參數	類型	說明
url	String	發送請求的地址。
type	String	請求方式：POST 或 GET，默認 GET。
timeout	Number	設置請求超時的時間(毫秒)。
data	Object 或 String	發送到服務器的數據，鍵值對字符串或對象。
dataType	String	返回的數據類型，比如 html、xml、json 等。
beforeSend	Function	發送請求前可修改 XMLHttpRequest 對象的函數。
complete	Function	請求完成後調用的回調函數。
success	Function	請求成功後調用的回調函數。
error	Function	請求失敗時調用的回調函數。
global	Boolean	默認為 true，表示是否觸發全局 AJAX。
cache	Boolean	設置瀏覽器緩存回應，默認為 true。如果 dataType 類型為 script 或 jsonp 則為 false。
content	DOM	指定某個元素為與這個請求相關的所有回調函數的上下文。
contentType	String	指定請求內容的類型。默認為 application/x-www-form-urlencoded。
async	Boolean	是否異步處理。默認為 true，false 為同步處理。
processData	Boolean	默認為 true，數據被處理為 URL 編碼格式。如果為 false，則阻止將傳入的數據處理為 URL 編碼格式。
dataFilter	Function	用來篩選回應數據的回調函數。
ifModified	Boolean	默認為 false，不進行頭檢測。如果為 true，進行頭檢測，當相應內容與上次請求改變時，請求被認為是成功的。
jsonp	String	指定一個查詢參數名稱來覆蓋默認的 jsonp 回調參數名 callback。
username	String	在 HTTP 認證請求中使用的用戶名。
password	String	在 HTTP 認證請求中使用的密碼。
scriptCharset	String	當遠程和本地內容使用不同的字符集時，用來設置 script 和 jsonp 請求所使用的字符集。
xhr	Function	用來提供 XHR 實例自定義實現的回調函數。
traditional	Boolean	默認為 false，不使用傳統風格的參數序列化。如為 true，則使用。

```
// $.AJAX 使用
```

```
$('input').click(function(){
    $.ajax({
        type:'POST',//這裡可以換成 GET
        url:'test.php',
        data:{
            url:'ycku'
        },
        success:function(response,stutas,xhr){
            $('#box').html(response);
        }
    });
});
```

注意：對於 data 屬性，如果是 GET 模式，可以使用之前的三種形式；如果是 POST 模式，可以使用之前的兩種形式。

六、表單序列化

AJAX 用得最多的地方莫過於表單操作，而傳統的表單操作是通過 submit 提交將數據傳輸到服務器端。如果使用 AJAX 異步處理，我們需要將每個表單元素逐個獲取才能提交。這樣工作效率就大大降低了。

```
//常規形式的表單提交
$('form input[type=button]').click(function(){
    $.ajax({
        type:'POST',
        url:'test.php',
        data:{
            user:$('form input[name=user]').val(),
            email:$('form input[name=email]').val()
        },
        success:function(response,status,xhr){
            alert(response);
        }
    });
});
```

使用表單序列化方法.serialize()，會智能地獲取指定表單內的所有元素。這樣，在面對大量表單元素時，會把表單元素內容序列化為字符串，然後再使用 AJAX 請求。

```
//使用.serialize()序列化表單的內容
$('form input[type=button]').click(function(){
    $.ajax({
        type:'POST',
        url:'test.php',
        data:$('form').serialize(),
```

```
        success: function (response, status, xhr) {
            alert(response);
        }
    });
});
```

.serialize()方法不但可以序列化表單內的元素,還可以直接獲取單選框、復選框和下拉列表框等內容。

```
//使用序列化得到選中的元素內容
$(':radio').click(function () {
    $('#box').html(decodeURIComponent($(this).serialize()));
});
```

除了.serialize()方法外,還有一個可以返回 JSON 數據的方法:.serializeArray()。這個方法可以直接把數據整合成鍵值對的 JSON 對象。

```
$(':radio').click(function () {
    console.log($(this).serializeArray());
    var json = $(this).serializeArray();
    $('#box').html(json[0].value);
});
```

有時,我們可能會在同一個程序中多次調用 $.ajax()方法。而它們很多參數都相同,這個時候我們使用 JQuery 提供的 $.ajaxSetup()請求默認值來初始化參數。

```
$('form input[type=button]').click(function () {
    $.ajaxSetup({
        type: 'POST',
        url: 'test.php',
        data: $('form').serialize()
    });
    $.ajax({
        success: function (response, status, xhr) {
            alert(response);
        }
    });
});
```

在使用 data 屬性傳遞的時候,如果是以對象形式傳遞鍵值對,可以使用 $.param()方法將對象轉換為字符串鍵值對格式。

```
var obj = {a: 1, b: 2, c: 3};
Var form = $.param(obj);
alert(form);
```

注意:使用 $.param()將對象形式的鍵值對轉為 URL 地址的字符串鍵值對,可以更加穩定、準確地傳遞表單的內容。因為有時程序對於複雜的序列化解析能力有限,所以直接傳遞 obj 對象要謹慎。

第十三章
AJAX 進階

教學要點：

1. 加載請求；
2. 錯誤處理；
3. 請求全局事件；
4. JSON 和 JSONP；
5. jqXHR 對象。

教學重點：

1. 加載請求；
2. 錯誤處理；
3. 請求全局事件；
4. JSON 和 JSONP；
5. jqXHR 對象。

教學難點：

加載請求與錯誤處理。

開篇：AJAX 全稱為「Asynchronous JavaScript and XML」（異步 JavaScript 和 XML），它並不是 JavaScript 的一種單一技術，而是利用了一系列交互式網頁應用相關的技術所形成的結合體。使用 AJAX，我們可以不刷新狀態更新頁面，並且實現異步提交，從而提升了用戶體驗。

一、加載請求

在 AJAX 異步發送請求時，遇到網速較慢的情況，就會出現請求時間較長的問題。而超過一定時間的請求，用戶就會變得不再耐煩而關閉頁面。而如果在請求期間能給用戶一些提示，比如正在努力加載中…，那麼相同的請求時間會讓用戶體驗更加好一些。

JQuery 提供了兩個全局事件，.ajaxStart( ) 和.ajaxStop( )。這兩個全局事件，只要用戶觸發了 AJAX，請求開始時（未完成其他請求）激活.ajaxStart( )，請求結束時（所有請求都結束了）激活.ajaxStop( )。

```
//請求加載提示的顯示和隱藏
$('#box').ajaxStart(function(){
    $(this).show();
}).ajaxStop(function(){
    $(this).hide();
});
```
注意：以上代碼在JQuery1.8及以後的版本不再有效，需要使用jquery-migrate向下兼容才能運行。新版本中，必須綁定在document元素上。
```
$(document).ajaxStart(function(){
    $('#box').show();
}).ajaxStop(function(){
    $('#box').hide();
});
//如果請求時間太長，可以設置超時
$.ajax({
    timeout: 500
});
//如果某個ajax不想觸發全局時間，可以設置取消
$.ajax({
    global: true
});
```

二、錯誤處理

AJAX異步提交時，不可能所有情況都是成功完成的，也有因為代碼異步文件錯誤、網絡錯誤導致提交失敗的。這時，我們應該把錯誤報告出來，提醒用戶重新提交或提示開發者進行修補。

在之前高層封裝中是沒有回調錯誤處理的，比如$.get()、$.post()和.load()。所以，早期的方法通過全局.ajaxError()事件方法來返回錯誤信息。而在JQuery1.5之後，可以通過連綴處理使用局部.error()方法即可。而對於$.ajax()方法，不但可以用這兩種方法，還有自己的屬性方法error:function(){}。

```
//$.ajax()使用屬性提示錯誤
$.ajax({
    type: 'POST',
    url: 'test1.php',
    data: $('form').serialize(),
    success: function(response, status, xhr){
        $('#box').html(response);
    },
    error: function(xhr, ){
        alert(xhr.status + ':' + xhr.statusText);
    }
```

```
});
// $.post( )使用連綴.error( )方法提示錯誤,連綴方法將被.fail( )取代
$.post('test1.php').error(function(xhr, status, info){
    alert(xhr.status + ':' +xhr.statusText);
    alert(status + ':' + info);
});
// $.post( )使用全局.ajaxError( )事件提示錯誤
$(document).ajaxError(function (event, xhr, settings, infoError){
    alert(xhr.status + ':' +xhr.statusText);
    alert(settings+ ':' + info);
});
```

三、請求全局事件

JQuery 對於 AJAX 操作提供了很多全局事件方法,.ajaxStart( )、.ajaxStop( )、.ajaxError( )等事件方法。它們都屬於請求時觸發的全局事件。除了這些,還有一些其他全局事件:

.ajaxSuccess( ),對應一個局部方法:.success( ),請求成功完成時執行。

.ajaxComplete( ),對應一個局部方法:.complete( ),請求完成後註冊一個回調函數。

.ajaxSend( ),沒有對應的局部方法,只有屬性 beforeSend,請求發送之前要綁定的函數。

```
// $.post( )使用局部方法.success( )
$.post('test.php', $('form').serialize( ), function (response, status, xhr){
    $('#box').html(response);
}).success(function (response, status, xhr){
    alert(response);
});
// $.post( )使用全局事件方法.ajaxSuccess( )
$(document).ajaxSuccess(function (event, xhr, settings){
    alert(xhr.responseText);
});
```

注意:全局事件方法是所有 AJAX 請求都會觸發到,並且只能綁定在 document 上。而局部方法,則針對某個 AJAX。

對於一些全局事件方法的參數,大部分為對象,而這些對象有哪些屬性或方法能調用,可以通過遍歷方法得到。

```
//遍歷 settings 對象的屬性
$(document).ajaxSuccess(function (event, xhr, settings){
    for (var i in settings){
        alert(i);
    }
});
// $.post( )請求完成的局部方法.complete( )
```

```
$.post('test.php', $('form').serialize(), function(response, status, xhr) {
    alert('成功');
}).complete(function(xhr, status) {
    alert('完成');
});
// $.post()請求完成的全局方法.ajaxComplete()
$(document).ajaxComplete(function(event, xhr, settings) {
    alert('完成');
});

// $.post()請求發送之前的全局方法.ajaxSend()
$(document).ajaxSend(function(event, xhr, settings) {
    alert('發送請求之前');
});
// $.ajax()方法,可以直接通過屬性設置即可。
$.ajax({
    type: 'POST',
    url: 'test.php',
    data: $('form').serialize(),
    success: function(response, status, xhr) {
        $('#box').html(response);
    },
    complete: function(xhr, status) {
        alert('完成' + '-' + xhr.responseText + '-' + status);
    },
    beforeSend: function(xhr, settings) {
        alert('請求之前' + '-' + xhr.readyState + '-' + settings.url);
    }
});
```

注意:在JQuery1.5版本以後,使用.success()、.error()和.complete()連綴的方法,可以用.done()、.fail()和.always()取代。

四、JSON 和 JSONP

如果在同一個域下, $.ajax()方法只要設置 dataType 屬性即可加載 JSON 文件。而在非同域下,可以使用 JSONP,但也是有條件的。

```
// $.ajax()加載 JSON 文件
$.ajax({
    type: 'POST',
    url: 'test.json',
    dataType: 'json',
    success: function(response, status, xhr) {
```

```
            alert(response[0].url);
        }
    });
```
　　如果想跨域操作文件的話,我們就必須使用 JSONP。JSONP(JSON with Padding)是一個非官方的協議,它允許在服務器端集成 Script tags 返回至客戶端,通過 javascript callback 的形式實現跨域訪問(這僅僅是 JSONP 簡單的實現形式)。

```
//跨域的 PHP 端文件
<?php
    $arr = array('a'=>1,'b'=>2,'c'=>3,'d'=>4,'e'=>5);
    $result = json_encode($arr);
    $callback = $_GET['callback'];
    echo $callback."($result)";
?>
//$.getJSON()方法跨域獲取 JSON
$.getJSON('http://www.li.cc/test.php?callback=?',function(response){
    console.log(response);
});
//$.ajax()方法跨域獲取 JSON
$.ajax({
    url:'http://www.li.cc/test.php?callback=?',
    dataType:'jsonp',
    success:function(response,status,xhr){
        console.log(response);
        alert(response.a);
    }
});
```
　　注意:這裡的 URL 如果不想後面跟著 callback=?,那麼可以給 $.ajax() 方法增加一個屬性。

```
//使用 jsonp 屬性
$.ajax({
    url:'http://www.li.cc/test.php',
    jsonp:'callback'
});
```

五、jqXHR 對象

　　在之前,我們使用了局部方法:.success()、.complete()和.error()。這三個局部方法並不是 XMLHttpRequest 對象調用的,而是 $.ajax()之類的全局方法返回的對象調用的。這個對象,就是 jqXHR 對象,它是原生對象 XHR 的一個超集。

```
//獲取 jqXHR 對象,查看屬性和方法
var jqXHR = $.ajax({
    type:'POST',
```

```
        url: 'test.php',
        data: $('form').serialize()
    });

    for (var i in jqXHR) {
        document.write(i + '<br />');
    }
```
注意:如果使用 jqXHR 對象的話,那麼建議用.done()、always()和.fail()代替.success()、.complete()和.error()。在未來版本中,很可能將這三種方法取消。

```
    //成功後回調函數
    jqXHR.done(function(response) {
        $('#box').html(response);
    });
```
使用 jqXHR 的連綴方式比 $.ajax() 的屬性方式有三大好處:
(1)可連綴操作,可讀性大大提高;
(2)可以多次執行同一個回調函數;
(3)為多個操作指定回調函數。

```
    //同時執行多個成功後的回調函數
    jqXHR.done().done();
    //多個操作指定回調函數
    var jqXHR = $.ajax('test.php');
    var jqXHR2 = $.ajax('test2.php');

    $.when(jqXHR, jqXHR2).done(function(r1, r2) {
        alert(r1[0]);
        alert(r2[0]);
    });
```

第十四章 工具函數

教學要點：

1. 字符串操作；
2. 數組和對象操作；
3. 測試操作；
4. URL 操作；
5. 瀏覽器檢測；
6. 其他操作。

教學重點：

1. 字符串操作；
2. 數組和對象操作；
3. 測試操作；
4. URL 操作；
5. 瀏覽器檢測；
6. 其他操作。

教學難點：

理解什麼是工具函數及熟悉使用各種工具。

開篇：工具函數是指直接依附於 JQuery 對象，針對 JQuery 對象本身定義的方法，即全局性的函數。它的作用主要是提供比如字符串、數組、對象等操作方面的遍歷。

一、字符串操作

在 JQuery 中，字符串的工具函數只有一個，就是去除字符串左右空格的工具函數：

＄.trim( )。

// ＄.trim( ) 去掉字符串兩邊空格
var str = ' JQuery ';
alert(str) ;
alert(＄.trim(str)) ;

二、數組和對象操作

JQuery 為處理數組和對象提供了一些工具函數,這些函數可以便利地給數組或對象進行遍歷、篩選、搜索等操作。

```javascript
// $.each()遍歷數組
var arr = ['張三','李四','王五','馬六'];
$.each(arr, function (index, value){
    $('#box').html($('#box').html() + index + '.' + value + '<br />');
});
// $.each()遍歷對象
$.each($.ajax(), function (name, fn){
    $('#box').html($('#box').html() + name + '.' + '<br /><br />');
})
```

注意:$.each()中 index 表示數組元素的編號,默認從 0 開始。

```javascript
// $.grep()數據篩選
var arr = [5,2,9,4,11,57,89,1,23,8];
var arrGrep = $.grep(arr, function (element, index){
    return element < 6 && index < 5;
});
alert(arrGrep);
```

注意:$.grep()方法的 index 是從 0 開始計算的。

```javascript
// $.map()修改數據
var arr = [5,2,9,4,11,57,89,1,23,8];
var arrMap = $.map(arr, function (element, index){
    if (element < 6 && index < 5){
        return element + 1;
    }
});
alert(arrMap);
// $.inArray()獲取查找到元素的下標
var arr = [5,2,9,4,11,57,89,1,23,8];
var arrInArray = $.inArray(1, arr);
alert(arrInArray);
```

注意:$.inArray()的下標從 0 開始計算。

```javascript
// $.merge()合併兩個數組
var arr = [5,2,9,4,11,57,89,1,23,8];
var arr2 = [23,2,89,3,6,7];
alert($.merge(arr, arr2));
// $.unique()刪除重複的 DOM 元素
```
```html
<div></div>
<div></div>
```

```
<div class="box"></div>
<div class="box"></div>
<div class="box"></div>
<div></div>
var divs = $('div').get();
divs = divs.concat($('.box').get());
alert($(divs).size());
$.unique(divs);
alert($(divs).size());
//.toArray()合併多個DOM元素組成數組
alert($('li').toArray());
```

三、測試操作

在JQuery中,數據有著各種類型和狀態。有時,我們希望能通過判斷數據的類型和狀態做相應的操作。JQuery提供了五組測試用的工具函數。

表 14-1　　　　　　　　　　　　測試工具函數

函數名	說明
$.isArray(obj)	判斷是否為數組對象,如果是,返回true
$.isFunction(obj)	判斷是否為函數,如果是,返回true
$.isEmptyObject(obj)	判斷是否為空對象,如果是,返回true
$.isPlainObjet(obj)	判斷是否為純粹對象,如果是,返回true
$.contains(obj)	判斷DOM節點是否含有另一個DOM節點,如果是,返回true
$.type(data)	判斷數據類型
$.isNumeric(data)	判斷數據是否為數值
$.isWindow(data)	判斷數據是否為window對象

```
//判斷是否為數組對象
var arr = [1,2,3];
alert($.isArray(arr));
//判斷是否為函數
var fn = function(){};
alert($.isFunction(fn));
//判斷是否為空對象
var obj = {};
alert($.isEmptyObject(obj));
//判斷是否由{}或new Object()創造出的對象
var obj = window;
alert($.isPlainObject(obj));
```

注意:如果使用new Object('name');傳遞參數後,返回類型已不是Object,而是字符串，所以就不是純粹的原始對象了。

//判斷第一個 DOM 節點是否含有第二個 DOM 節點

alert($.contains($('#box').get(0), $('#pox').get(0)));

//$.type()檢測數據類型

alert($.type(window));

//$.isNumeric 檢測數據是否為數值

alert($.isNumeric(5.25));

//$.isWindow 檢測數據對象是否為 window 對象

alert($.isWindow(window));

四、URL 操作

URL 操作，在之前的 AJAX 章節已經講到過。只有一個方法：$.param()，將對象的鍵值對轉化為 URL 鍵值對字符串形式。

//$.param()將對象鍵值對轉換為 URL 字符串鍵值對

var obj = {

name：'Lee',

age：100

};

alert($.param(obj));

五、瀏覽器檢測

由於在早期的瀏覽器中，分為 IE 和 W3C 瀏覽器。而 IE6、IE7、IE8 使用的覆蓋率還很高，所以，早期的 JQuery 提供了 $.browser 工具對象。而現在的 JQuery 已經廢棄刪除了這個工具對象，如果還想使用這個對象來獲取瀏覽器版本型號的信息，可以使用兼容插件。

表 14-2 $.browser 對象屬性

屬性	說明
webkit	發送請求的地址
mozilla	判斷 webkit 瀏覽器，如果是，則為 true
Number	判斷 mozilla 瀏覽器，如果是，則為 true
safari	判斷 safari 瀏覽器，如果是，則為 true
opera	判斷 opera 瀏覽器，如果是，則為 true
msie	判斷 IE 瀏覽器，如果是，則為 true
version	獲取瀏覽器版本號

//獲取火狐瀏覽器和版本號

alert($.browser.mozilla + ':' + $.browser.version);

注意：火狐採用的是 mozilla 引擎，一般是指火狐；而谷歌 Chrome 採用的引擎是 webkit，一般驗證 Chrome 就用 webkit。

還有一種瀏覽器檢測，是對瀏覽器內容的檢測。比如：W3C 的透明度為 opacity，而

IE 的透明度為 alpha。這個對象是 $.support。

表 14-3　　　　　　　　　　　$.support 對象部分屬性

屬性	說明
hrefNormalized	如果瀏覽器從 getAttribute("href") 返回的是原封不動的結果，則返回 true。在 IE 中會返回 false，因為它的 URLs 已經常規化了。
htmlSerialize	如果瀏覽器通過 innerHTML 插入連結元素的時候會序列化這些連結，則返回 true。目前在 IE 中返回 false。
leadingWhitespace	如果在使用 innerHTML 的時候瀏覽器會保持前導空白字符，則返回 true。目前在 IE 6-8 中返回 false。
objectAll	如果在某個元素對象上執行 getElementsByTagName("*") 會返回所有子孫元素，則為 true。目前在 IE 7 中返回 false。
opacity	如果瀏覽器能適當解釋透明度樣式屬性，則返回 true。目前在 IE 中返回 false，因為它用 alpha 濾鏡代替。
scriptEval	使用 appendChild/createTextNode 方法插入腳本代碼時，瀏覽器是否執行腳本。目前在 IE 中返回 false，IE 使用 .text 方法插入腳本代碼以執行。
style	如果 getAttribute("style") 返回元素的行內樣式，則為 true。目前 IE 中為 false，因為它用 cssText 代替。
tbody	如果瀏覽器允許 table 元素不包含 tbody 元素，則返回 true。目前在 IE 中會返回 false，它會自動插入缺失的 tbody。
AJAX	如果瀏覽器支持 AJAX 操作，返回 true。

// $.support.ajax 判斷是否能創建 ajax
alert($.support.ajax);
// $.support.opacity 設置不同瀏覽器的透明度
if ($.support.opacity == true) {
　　$('#box').css('opacity', '0.5');
} else {
　　$('#box').css('filter', 'alpha(opacity=50)');
}

注意：由於 JQuery 越來越放棄低端的瀏覽器，所以檢測功能在未來使用頻率也越來越低。所以，$.brower 已被廢棄刪除，而 $.support.boxModel 檢測 W3C 或 IE 盒子也被刪除。並且 http://api.jquery.com/JQuery.support/官網也不提供屬性列表和解釋，給出一個 Modernizr 第三方小工具來輔組檢測。

六、其他操作

JQuery 提供了一個預備綁定函數上下文的工具函數：$.proxy()。這個方法，可以解決諸如外部事件觸發調用對象方法時 this 的指向問題。

// $.proxy() 調整 this 指向
var obj = {
　　name : 'Lee',

```
        test: function ( ) {
            alert( this.name ) ;
        }
};
$ ('#box').click(obj.test) ;//指向的 this 為#box 元素
$ ('#box').click( $ .proxy(obj, 'test')) ;//指向的 this 為方法屬於對象 box
```

第十五章 插件

教學要點：

1. 插件概述；
2. 驗證插件；
3. 自動完成插件；
4. 自定義插件。

教學重點：

1. 插件概述；
2. 驗證插件；
3. 自動完成插件；
4. 自定義插件。

教學難點：

理解什麼是插件及開發自己想要的功能插件。

開篇：插件（Plugin）也成為 JQuery 擴展（Extension），是一種遵循一定規範的應用程序接口編寫出來的程序。目前 JQuery 插件已超過幾千種，由來自世界各地的開發者共同編寫、驗證和完善。而對於 JQuery 開發者而言，直接使用這些插件將快速穩定架構系統、節約項目成本。

一、插件概述

插件是以 JQuery 的核心代碼為基礎編寫出的符合一定規範的應用程序。也就是說，插件也是 JQuery 代碼，通過 js 文件引入的方式植入即可。插件的種類很多，主要分為 UI 類、表單及驗證類、輸入類、特效類、AJAX 類、滑動類、圖形圖像類、導航類、綜合工具類、動畫類等。

引入插件的步驟如下：

（1）必須先引入 jquery.js 文件，而且在所有插件之前引入；
（2）引入插件；
（3）引入插件的周邊，比如皮膚、中文包等。

二、驗證插件

Validate.js 是 JQuery 比較優秀的表單驗證插件之一。這個插件有兩個 js 文件:一個是主文件,另一個是中文包文件。使用的時候,可以使用 min 版本。在這裡,為了教學,我們未壓縮版本。

驗證插件包含的兩個文件分別為:jquery.validate.js 和 jquery.validate.messages_zh.js。

//HTML 內容

<script type="text/javascript" src="jquery.validate.js"></script>

<script type="text/javascript" src="jquery.validate.messages_zh.js"></script>

<form>

    <p>用戶名:<input type="text" class="required" name="username" minlength="2" /> * </p>

    <p>電子郵件:<input type="text" class="required email" name="email" /> * </p>

    <p>網址:<input type="text" class="url" name="url" /></p>

    <p><input type="submit" value="提交" /></p>

</form>

//JQuery 代碼

$(function(){

    $('form').validate();

});

只要通過 form 元素的 JQuery 對象調用 validate() 方法,就可以實現「必填」「不能小於兩位」「電子郵件不正確」「網址不正確」等驗證效果。除了 js 端的 validate() 方法調用,表單處也需要相應設置才能最終得到驗證效果。

(1)必填項:在表單中設置 class="required"。

(2)不得小於兩位:在表單設置 minlength="2"。

(3)電子郵件:在表單中設置 class="email"。

(4)網址:在表單中設置 class="url"。

注意:本章就簡單地介紹插件的使用,並不針對某個功能的插件進行詳細講解。比如驗證插件 validate.js,它類似於 JQuery,同樣具有各種操作方法和功能,需要進行類似手冊一樣的查詢和講解。所以,我們會在項目中再去詳細講解使用到的插件。

三、自動完成插件

所謂自動完成,就是當用戶輸入部分字符的時候,智能的搜索出包含字符的全部內容。比如輸入 a,把匹配的內容列表展示出來。

//HTML 內容

<script type="text/javascript" src="jquery.autocomplete.js"></script>

<script type="text/javascript" src="jquery-migrate-1.2.1.js"></script>

<link rel="stylesheet" href="jquery.autocomplete.css" type="text/css" />

//JQuery 代碼

var user = ['about','family','but','black'];

    $('form input[name=username]').autocomplete(user,{

minChars: 0 //雙擊顯示全部數據
});
注意:這個自動完成插件使用的 JQuery 版本較老,用了一些已被新版本的 JQuery 廢棄刪除的方法,這樣必須要向下兼容才能有效。所以,去查找插件的時候,要注意一下他堅持的版本。

四、自定義插件

前面我們使用了別人提供好的插件,使用起來非常方便。如果市面上找不到自己滿意的插件,並且想自己封裝一個插件提供給別人使用。那麼就需要自己編寫一個 JQuery 插件了。

按照功能分類,插件的形式可以分為以下三類:
(1)封裝對象方法的插件;(也就是基於某個 DOM 元素的 JQuery 對象,局部性)
(2)封裝全局函數的插件;(全局性的封裝)
(3)選擇器插件。(類似於 .find())

經過日積月累的插件開發,開發者逐步約定了一些基本要點,以解決各種因為插件導致的衝突、錯誤等問題。
(1)插件名推薦使用 jquery.[插件名].js,以免和其他 js 文件或者其他庫相衝突;
(2)局部對象附加 jquery.fn 對象上,全局函數附加在 jquery 上;
(3)插件內部,this 指向是當前的局部對象;
(4)可以通過 this.each 來遍歷所有元素;
(5)所有的方法或插件,必須用分號結尾,避免出現問題;
(6)插件應該返回的是 JQuery 對象,以保證可鏈式連綴;
(7)避免插件內部使用 $,如果要使用,請傳遞 JQuery 進去。

按照以上要點,我們開發一個局部或全局的導航菜單的插件。只要導航的 <li> 標籤內部嵌入要下拉的 <ul>,並且 class 為 nav,即可完成下拉菜單。

```
//HTML 部分
<ul class="list">
    <li>導航列表
        <ul class="nav">
            <li>導航列表 1</li>
            <li>導航列表 1</li>
            <li>導航列表 1</li>
            <li>導航列表 1</li>
            <li>導航列表 1</li>
            <li>導航列表 1</li>
        </ul>
    </li>
    <li>導航列表
        <ul class="nav">
            <li>導航列表 2</li>
            <li>導航列表 2</li>
```

```
            <li>導航列表 2</li>
            <li>導航列表 2</li>
            <li>導航列表 2</li>
            <li>導航列表 2</li>
        </ul>
    </li>
</ul>
//jquery.nav.js 部分
;(function($){
    $.fn.extend({
        'nav':function(color){
            $(this).find('.nav').css({
                listStyle:'none',
                margin:0,
                padding:0,
                display:'none',
                color:color
            });
            $(this).find('.nav').parent().hover(function(){
                $(this).find('.nav').slideDown('normal');
            },function(){
                $(this).find('.nav').stop().slideUp('normal');
            });
            return this;
        }
    });
})(JQuery);
```

第十六章
知問前端─綜合項目

概述

學習要點：

1. 項目介紹
2. JQuery UI
3. UI 主題

知問系統是一個問答系統。主要功能是：會員提出問題、會員回答問題。目前比較熱門的此類網站有知乎 http://www.zhihu.com、百度知道 http://zhidao.baidu.com/ 等。這裡我們重點參考「知乎」來學習一下它採用的前端效果。

一、項目介紹

我們重點仿照「知乎」的架構模式來搭建界面和佈局，以及大部分前端功能。而「百度知道」作為輔助功能來確定我們這個項目需要的前端功能。

從以上知名問答站點中，我們可以確認最主要的前端功能有：①彈出對話框；②前端按鈕；③折疊菜單；④選項卡切換；⑤滑動塊；⑥日曆；⑦自動補全；⑧拖放。

二、JQuery UI

JQuery UI 是以 JQuery 為基礎的開源 JavaScript 網頁用戶界面代碼庫，包含底層用戶交互、動畫、特效和可更換主題的可視控件。我們可以直接用它來構建具有很好交互性的 web 應用程序。

JQuery UI 的官網網站為：http://jqueryui.com/。我們下載最新版本的即可。目前本書採用的最新版本為：jquery-ui-1.10.3.custom.zip。裡面目錄結構如下：

（1）css，包含與 JQuery UI 相關的 CSS 文件。

（2）js，包含 JQuery UI 相關的 JavaScript 文件。

（3）Development-bundle，包含多個不同的子目錄：demos（JQuery UI 示例文件）、docs（JQuery UI 的文檔文件）、themes（CSS 主題文件）和 ui（JQuery ui 的 JavaScript 文件）。

（4）Index.html，可以查看 JQuery UI 功能的索引頁。

三、CSS 主題

CSS 主題就是 JQuery UI 的皮膚，有各種色調的模版提供使用。對於程序員，可以使用最和網站符合的模版。

我們可以在這裡：http://jqueryui.com/themeroller/查看已有模版樣式。

創建 header 區

學習要點：

4. 創建界面
5. 引入 UI

一、創建界面

我們首先要設計一個 header，這個區域將要設計成永遠置頂。也就是，往下拉出滾動條也永遠在頁面最上層可視區內。在 header 區，目前先設計 LOGO、搜索框、按鈕、註冊和登錄即可。

```
//JS 引入和 CSS 引入
<script type="text/javascript" src="js/jquery.js"></script>
<script type="text/javascript" src="js/jquery.ui.js"></script>
<script type="text/javascript" src="js/index.js"></script>
<link rel="shortcut icon" type="image/x-icon" href="img/favicon.ico" />
<link rel="stylesheet" href="css/smoothness/jquery.ui.css" type="text/css" />
<link rel="stylesheet" href="css/style.css" type="text/css" />

//HTML
<div id="header">
    <div class="header_main">
        <h1>知問</h1>
        <div class="header_search">
            <input type="text" name="search" class="search" />
        </div>
        <div class="header_button">
            <input type="button" value="查詢" id="search_button" />
        </div>
        <div class="header_member">
            <a href="###" id="reg_a">註冊</a> |
                <a href="javascript:void(0)" id="login_a">登錄</a>
        </div>
    </div>
```

```
    </div>

    <div id="reg" title="會員註冊">
        表單區
    </div>

//CSS
body {
    margin:0;
    padding:0;
    font-size:12px;
    margin:40px 0, 0 0;
    background:#fff;
}
#header {
    height:40px;
    width:100%;
    background:url(../img/header_bg.png);
    position:absolute;
    top:0;
}
#header .header_main {
    width:800px;
    height:40px;
    margin:0 auto;
}
#header .header_main h1 {
    height:40px;
    line-height:40px;
    font-size:20px;
    color:#666;
    margin:0;
    padding:0, 10px;
    float:left;
}
#header .header_search {
    float:left;
    padding:6px 0, 0 0;
}
#header .header_search .search {
```

```
    width:300px;
    height:24px;
    border:1px solid #ccc;
    background:#fff;
    font-size:14px;
    color:#666;
    text-indent:5px;
}
#header .header_button {
    float:left;
    padding:5px;
}
#header .header_member {
    float:right;
    height:40px;
    line-height:40px;
}
#header .header_member a {
    font-size:14px;
    text-decoration:none;
    color:#555555;
}
```

二、引入 UI

在目前的這個 header 區域中,有兩個地方使用了 JQuery UI:一個是 button 按鈕;另一個是 dialog 對話框。

```
//將 button 按鈕設置成 UI
$('#search_button').button();

//將 div 設置成 dialog 對話框
$('#reg_a').click(function() {
    $("#reg").dialog();
});
```

對話框 UI

學習要點:

6. 開啟多個 dialog
7. 修改 dialog 樣式

8. dialog( )方法的屬性

9. dialog( )方法的事件

10. dialog 中使用 on( )

對話框(dialog)是 JQuery UI 非常重要的一個功能。它徹底代替了 JavaScript 的 alert ( )、prompt( )等方法,也避免了新窗口或頁面的繁雜冗餘。

一、開啓多個 dialog

我們可以同時打開多個 dialog,只要設置不同的 id 即可實現。

$('#reg').dialog( );

$('#login').dialog( );

二、修改 dialog 樣式

在彈出的 dialog 對話框中,在火狐瀏覽器中打開 Firebug 或者右擊->查看元素。這樣,我們可以看看 dialog 的樣式,根據樣式進行修改。我們為了和網站主題符合,對 dialog 的標題背景進行修改。

//無需修改 ui 裡的 CSS,直接用 style.css 替代

.ui-widget-header {

    background:url(../img/ui_header_bg.png);

}

注意:其他修改方案類似。

三、dialog( )方法的屬性

對話框方法有兩種形式:①dialog(options)。options 是以對象鍵值對的形式傳參,每個鍵值對表示一個選項。②dialog('action',param)。action 是操作對話框方法的字符串,param 則是 options 的某個選項。

表 16-1　　　　　　　　　　dialog 外觀選項

屬性	默認值/類型	說明
title	無/字符串	對話框的標題,可以直接設置在 DOM 元素上
buttons	無/對象	以對象鍵值對方式,給 dialog 添加按鈕。鍵是按鈕的名稱,值是用戶點擊後調用的回調函數

$('#reg').dialog({

    title:'註冊知問',

    buttons:{

        '按鈕':function( ){}

    }

});

表 16-2　　　　　　　　　　　　　　dialog 頁面位置選項

屬性	默認值/類型	說明
position	center/字符串	設置一個對話框窗口的坐標位置,默認為 center。其他設置值為:left top、top right、bottom left、right bottom(四個角)、top、bottom(頂部或底部,寬度居中)、left 或 right(左邊或右邊,高度居中)、center(默認值)。

```
$('#reg').dialog({
    position: 'left top'
});
```

表 16-3　　　　　　　　　　　　　　dialog 大小選項

屬性	默認值/類型	說明
width	300/數值	對話框的寬度。默認為 300,單位是像素。
height	auto/數值	對話框的高度。默認為 auto,單位是像素。
minWidth	150/數值	對話框的最小寬度。默認為 150,單位是像素。
minHeight	150/數值	對話框的最小高度。默認為 150,單位是像素。
maxWidth	auto/數值	對話框的最大寬度。默認為 auto,單位是像素。
maxHeight	auto/數值	對話框的最大高度。默認為 auto,單位是像素。

```
$('#reg').dialog({
    height: 500,
    width: 500,
    minWidth: 300,
    minHeight: 300,
    maxWidth: 800,
    maxHeight: 600
});
```

表 16-4　　　　　　　　　　　　　　dialog 視覺選項

屬性	默認值/類型	說明
show	false/布爾值	顯示對話框時,默認採用淡入效果。
hide	false/布爾值	關閉對話框時,默認採用淡出效果。

```
$('#reg').dialog({
    show: true,
    hide: true
});
```

注意:設置 true 後,默認為淡入淡出,如果想使用別的特效,可以使用以下表格中的字符串參數。

表 16-5　　　　　　　　　　　show 和 hide 可選特效

特效名稱	說明
blind	對話框從頂部顯示或消失。
bounce	對話框斷斷續續地顯示或消失，垂直運動。
clip	對話框從中心垂直地顯示或消失。
slide	對話框從左邊顯示或消失。
drop	對話框從左邊顯示或消失，有透明度變化。
fold	對話框從左上角顯示或消失。
highlight	對話框顯示或消失，伴隨著透明度和背景色的變化。
puff	對話框從中心開始縮放。顯示時「收縮」，消失時「生長」。
scale	對話框從中心開始縮放。顯示時「生長」，消失時「收縮」。
pulsate	對話框以閃爍形式顯示或消失。

```
$('#reg').dialog({
    show: 'blind',
    hide: 'blind'
});
```

表 16-6　　　　　　　　　　　dialog 行為選項

屬性	默認值/類型	說明
autoOpen	true/布爾值	默認為 true，調用 dialog( ) 方法時就會打開對話框；如果為 false，對話框不可見，但對話框已創建，可以通過 dialog('open') 才能可見。
draggable	true/布爾值	默認為 true，可以移動對話框，false 無法移動。
resizable	True/布爾值	默認為 true，可以調整對話框大小，false 無法調整。
modal	false/布爾值	默認為 false，對話框外可操作，true 對話框會遮罩一層灰紗，無法操作。
closeText	無/字符串	設置關閉按鈕的 title 文字。

```
$('#reg').dialog({
    autoOpen: false,
    draggable: false,
    resizable: false,
    modal: true,
    closeText: '關閉'
});
```

四、dialog( ) 方法的事件

除了屬性設置外，dialog( ) 方法也提供了大量的事件。這些事件可以給各種不同狀態時提供回調函數。這些回調函數中的 this 值等於對話框內容的 div 對象，不是整個對話框的 div。

表 16-7　　　　　　　　　　　dialog **事件選項**

事件名	說明
focus	當對話框被激活時(首次顯示以及每次在上面點擊)，會調用 focus 方法。該方法有兩個參數(event, ui)。此事件中的 ui 參數為空。
create	當對話框被創建時會調用 create 方法，該方法有兩個參數(event, ui)。此事件中的 ui 參數為空。
open	當對話框被顯示時(首次顯示或調用 dialog('open')方法)，會調用 open 方法。該方法有兩個參數(event, ui)。此事件中的 ui 參數為空。
beforeClose	當對話框將要關閉時(當單擊關閉按鈕或調用 dialog('close')方法)，會調用 beforeclose 方法。如果該函數返回 false，對話框將不會被關閉。關閉的對話框可以用 dialog('open')重新打開。該方法有兩個參數(event, ui)。此事件中的 ui 參數為空。
close	當對話框將要關閉時(當單擊關閉按鈕或調用 dialog('close')方法)，會調用 close 方法。關閉的對話框可以用 dialog('open')重新打開。該方法有兩個參數(event, ui)。此事件中的 ui 參數為空。
drag	當對話框移動時，每次移動一點均會調用 drag 方法。該方法有兩個參數。該方法有兩個參數(event, ui)。此事件中的 ui 有兩個屬性對象：position，得到當前移動的坐標，有兩個子屬性：top 和 left。offset，得到當前移動的坐標，有兩個子屬性：top 和 left。
dragStart	當開始移動對話框時，會調用 dragStart 方法。該方法有兩個參數(event, ui)。此事件中的 ui 有兩個屬性對象： ①position，得到當前移動的坐標，有兩個子屬性:top 和 left。 ②offset，得到當前移動的坐標，有兩個子屬性:top 和 left。
dragStop	當開始移動對話框時，會調用 dragStop 方法。該方法有兩個參數(event, ui)。此事件中的 ui 有兩個屬性對象： ①position，得到當前移動的坐標，有兩個子屬性:top 和 left。 ②offset，得到當前移動的坐標，有兩個子屬性:top 和 left。
resize	當對話框拉升大小的時候，每一次拖拉都會調用 resize 方法。該方法有兩個參數(event, ui)。此事件中的 ui 有四個屬性對象： ①size，得到對話框的大小有兩個屬性:width 和 height。 ②position，得到對話框的坐標有兩個屬性:top 和 left。 ③originalSize，得到對話框原始的大小有兩個子屬性:width 和 height。 ④originalPosition，得到對話框原始的坐標有兩個子屬性:top 和 left。
resizeStart	當開始拖拉對話框時，會調用 resizeStart 方法。該方法有兩個參數(event, ui)。此事件中的 ui 有四個屬性對象： ①size，得到對話框的大小有兩個屬性:width 和 height。 ②position，得到對話框的坐標有兩個屬性:top 和 left。 ③originalSize，得到對話框原始的大小有兩個子屬性:width 和 height。 ⑤originalPosition，得到對話框原始的坐標有兩個子屬性:top 和 left。
resizeStop	當結束拖拉對話框時，會調用 resizeStart 方法。該方法有兩個參數(event, ui)。此事件中的 ui 有四個屬性對象： ①size，得到對話框的大小有兩個屬性:width 和 height。 ②position，得到對話框的坐標有兩個屬性:top 和 left。 ③originalSize，得到對話框原始的大小有兩個子屬性:width 和 height。 ④originalPosition，得到對話框原始的坐標有兩個子屬性:top 和 left。

//當對話框獲得焦點後

```javascript
$('#reg').dialog({
    focus: function (e, ui) {
        alert('獲得焦點');
    }
});

//當創建對話框時
$('#reg').dialog({
    create: function (e, ui) {
        alert('創建對話框');
    }
});

//當將要關閉時
$('#reg').dialog({
    beforeClose: function (e, ui) {
        alert('關閉前做的事！');
        return flag;
    }
});

//關閉對話框時
$('#reg').dialog({
    close: function (e, ui) {
        alert('關閉！');
    }
});

//對話框移動時
$('#reg').dialog({
    drag: function (e, ui) {
        alert('top:' + ui.position.top + '\n'
            + 'left:' + ui.position.left);
    }
});

//對話框開始移動時
$('#reg').dialog({
    dragStart: function (e, ui) {
        alert('top:' + ui.position.top + '\n'
```

```
            + 'left:' + ui.position.left);
    }
});

//對話框結束移動時
$('#reg').dialog({
    dragStop: function (e, ui) {
        alert('top:' + ui.position.top + '\n'
            + 'left:' + ui.position.left);
    }
});

//調整對話框大小時
$('#reg').dialog({
    resize: function (e, ui) {
        alert('size:' + ui.size.width + '\n'
            + 'originalSize:' + ui.originalSize.width);
    }
});

//開始調整對話框大小時
$('#reg').dialog({
    resizeStart: function (e, ui) {
        alert('size:' + ui.size.width + '\n'
            + 'originalSize:' + ui.originalSize.width);
    }
});

//結束調整對話框大小時
$('#reg').dialog({
    resizeStop: function (e, ui) {
        alert('size:' + ui.size.width + '\n'
            + 'originalSize:' + ui.originalSize.width);
    }
});
```

表 16-8　　　　　　　　　　dialog('action', param)方法

方法	返回值	說明
dialog('open')	JQuery 對象	打開對話框
dialog('close')	JQuery 對象	關閉對話框

表16-8(續)

方法	返回值	說明
dialog('destroy')	JQuery 對象	刪除對話框,直接阻斷了 dialog
dialog('isOpen')	布爾值	判斷對話框是否打開狀態
dialog('widget')	JQuery 對象	獲取對話框的 JQuery 對象
dialog('option', param)	一般值	獲取 options 屬性的值
dialog('option', param, value)	JQuery 對象	設置 options 屬性的值

```
//初始隱藏對話框
$('#reg').dialog({
    autoOpen: false
});

//打開對話框
$('#reg_a').click(function(){
    $('#reg').dialog('open');
});

//關閉對話框
$('#reg').click(function(){
    $('#reg').dialog('close');
});

//判斷對話框處於打開或關閉狀態
$(document).click(function(){
    alert($('#reg').dialog('isOpen'));
});

//將指定對話框置前
$(document).click(function(){
    $('#reg').dialog('moveToTop');
});

//獲取某個 options 的 param 選項的值
var title = $('#reg').dialog('option', 'title');
alert(title);

//設置某個 options 的 param 選項的值
$('#reg').dialog('option', 'title', '註冊知問');
```

五、dialog 中使用 on( )

在 dialog 的事件中,提供了使用 on( ) 方法處理的事件方法。

表 16-9　　　　　　　　　　on( )方法觸發的對話框事件

特效名稱	說明
dialogfocus	得到焦點時觸發
dialogopen	顯示時觸發
dialogbeforeclose	將要關閉時觸發
dialogclose	關閉時觸發
dialogdrag	每一次移動時觸發
dialogdragstart	開始移動時觸發
dialogdragstop	移動結束後觸發
dialogresize	每次調整大小時觸發
dialogresizestart	開始調整大小時觸發
dialogresizestop	結束調整大小時觸發

```
$('#reg').on('dialogclose', function () {
    alert('關閉');
});
```

按鈕 UI

學習要點:

11. 使用 button 按鈕
12. 修改 button 樣式
13. button( ) 方法的屬性
14. button('action', param)
15. 單選、復選按鈕

按鈕(button)可以給生硬的原生按鈕或者文本提供更多豐富多彩的外觀。它不僅可以設置按鈕或文本,還可以設置單選按鈕和多選按鈕。

一、使用 button 按鈕

使用 button 按鈕 UI 的時候,不一定必須是 input 按鈕形式,普通的文本也可以設置成 button 按鈕。

```
$('#search_button').button();
```

二、修改 button 樣式

在彈出的 button 對話框中,在火狐瀏覽器中打開 Firebug 或者右擊->查看元素。這樣,我們可以看看 button 的樣式,根據樣式進行修改。我們為了和網站主題符合,對 dialog 的標題背景進行修改。

//無需修改 ui 裡的 CSS,直接用 style.css 替代

.ui-state-default, .ui-widget-content .ui-state-default, .ui-widget-header .ui-state-default {

  background:url(../img/ui_header_bg.png);

}

.ui-state-active, .ui-widget-content .ui-state-active, .ui-widget-header .ui-state-active {

  background:url(../img/ui_white.png);

}

注意:其他修改方案類似。

三、button( )方法的屬性

按鈕方法有兩種形式:①button(options)。options 是以對象鍵值對的形式傳參,每個鍵值對表示一個選項。②button('action', param)。action 是操作對話框方法的字符串,param 則是 options 的某個選項。

表 16-10   Button 按鈕選項

屬性	默認值/類型	說明
disabled	false/布爾值	默認為 false,設置為 true 時,按鈕是非激活的。
label	無/字符串	對應按鈕上的文字。如果沒有,HTML 內容將被作為按鈕的文字。

icons	無/字符串	對應按鈕上的圖標。在按鈕文字前面和後面都可以放置一個圖標,通過對象鍵值對的方式完成:
		{
		 primary: 'ui-icon-search',
		 secondary: 'ui-icon-search'
		}

text	true/布爾值	當時設置為 false 時,不會顯示文字,但必須指定一個圖標。

```
$('#search_button').button({
    disabled: false,
    icons: {
        primary: 'ui-icon-search',
    },
    label: '查找',
    text: false,
});
```

注意:對於 button 的事件方法,只有一個 create,當創建 button 時調用。

四、button('action', param)

button('action', param)方法能設置和獲取按鈕。action 表示指定操作的方式。

表 16-11　　　　　　　　dialog('action', param)方法

方法	返回值	說明
button('disable')	JQuery 對象	禁用按鈕
button('enable')	JQuery 對象	啟用按鈕
button('destroy')	JQuery 對象	刪除按鈕,直接阻斷了 button
button('refresh')	JQuery 對象	更新按鈕佈局
button('widget')	JQuery 對象	獲取對話框的 JQuery 對象
button('option', param)	一般值	獲取 options 屬性的值
button('option', param, value)	JQuery 對象	設置 options 屬性的值

```
//禁用按鈕
$('#search_button').button('disable');

//啟用按鈕
$('#search_button').button('enable');

//刪除按鈕
$('#search_button').button('destroy');

//更新按鈕,刷新按鈕
$('#search_button').button('refresh');

//得到 button 的 JQuery 對象
$('#search_button').button('widget');

//得到 button 的 options 值
alert($('#search_button').button('option', 'label'));

//設置 button 的 options 值
$('#search_button').button('option', 'label', '搜索');
```

注意:對於 UI 上自帶的按鈕,比如 dialog 上的,我們可以通過 Firebug 查找得到 JQuery 對象。

```
$('#reg').parent().find('button').eq(1).button('disable');
```

五、單選框、復選框
button 按鈕不但可以設置成普通的按鈕,對於單選框、復選框同樣有效。
```
//HTML 單選框
<input type="radio" name="sex" value="male" id="male">
```

```
            <label for="male">男</label>
</input>
<input type="radio" name="sex" value="female" id="female">
        <label for="female">女</label>
</input>

//JQuery 單選框
$('#reg input[type=radio]').button();

//JQuery 單選框改
$('#reg').buttonset();//HTML 部分做成一行即可

//HTML 復選框
<input type="checkbox" name="color" value="red" id="red">
        <label for="red">紅</label>
</input>
<input type="checkbox" name="color" value="green" id="green">
        <label for="green">綠</label>
</input>
<input type="checkbox" name="color" value="yellow" id="yellow">
        <label for="yellow">黃</label></input>
<input type="checkbox" name="color" value="orange" id="orange">
        <label for="orange">橙</label>
</input>
//JQuery 復選框
$('#reg input[type=radio]').button();

//JQuery 復選框改
$('#reg').buttonset();
```

創建註冊表單

學習要點：

16. HTML 部分
17. CSS 部分
18. JQuery 部分

通過前面已學的 JQuery UI 部件，我們來創建一個註冊表單。

一、HTML 部分
```html
<div id="reg" title="會員註冊">
    <p>
        <label for="user">帳號:</label>
        <input type="text" name="user" class="text" id="user" title="請輸入帳號,不小於 2 位!" />
        <span class="star">*</span>
    </p>
    <p>
        <label for="pass">密碼:</label>
        <input type="text" name="pass" class="text" id="pass" title="請輸入密碼,不小於 6 位!" />
        <span class="star">*</span>
    </p>
    <p>
        <label for="email">郵箱:</label>
        <input type="text" name="email" class="text" id="email" title="請輸入電子郵件!" />
        <span class="star">*</span>
    </p>
    <p>
        <label>性別:</label>
        <input type="radio" name="sex" id="male" checked="checked"><label for="male">男</label></input><input type="radio" name="sex" id="female"><label for="female">女</label></input>
    </p>
    <p>
        <label for="date">生日:</label>
        <input type="text" name="date" readonly="readonly" class="text" id="date" />
    </p>
</div>
```

二、CSS 部分
```css
#reg {
    padding:15px;
}
#reg p {
    margin:10px 0;
```

```css
        padding:0;
}
#reg p label {
        font-size:14px;
        color:#666;
}
#reg p .star {
        color:red;
}
#reg .text {
        border-radius:4px;
        border:1px solid #ccc;
        background:#fff;
        height:25px;
        width:200px;
        text-indent:5px;
        color:#666;
}
```

三、JQuery 部分

```
$('#reg').dialog({
        autoOpen: true,
        modal: true,
        resizable: false,
        width: 320,
        height: 340,
        buttons: {
            '提交': function () {}
        },
});

$('#reg').buttonset();
$('#date').datepicker();
$('#reg input[title]').tooltip();
```

工具提示 UI

學習要點：

19. 調用 tooltip( ) 方法
20. 修改 tooltip( ) 樣式
21. tooltip( ) 方法的屬性
22. tooltip( ) 方法的事件
23. tooltip( ) 中使用 on( )

工具提示(tooltip)是一個非常實用的 UI。它徹底擴展了 HTML 中的 title 屬性，讓提示更加豐富和可控制，全面提升了用戶體驗。

一、調用 tooltip( ) 方法

在調用 tooltip( ) 方法之前，首先需要針對元素設置相應的 title 屬性。

```
<input type="text" name="user" class="text" id="user" title="請輸入帳號，不小於 2 位!" />
```

$('#user').tooltip( );

二、修改 tooltip( ) 樣式

在彈出的 tooltip 提示框後，在火狐瀏覽器中打開 Firebug 或者右擊->查看元素。這樣，我們可以看看 tooltip 的樣式，根據樣式進行修改。

```
//無需修改 ui 裡的 CSS，直接用 style.css 替代
.ui-tooltip {
    color:red;
}
```

注意：其他修改方案類似。

三、tooltip( ) 方法的屬性

工具提示方法有兩種形式：①tooltip(options)。options 是以對象鍵值對的形式傳參，每個鍵值對表示一個選項。②tooltip('action', param)。action 是操作對話框方法的字符串，param 則是 options 的某個選項。

表 16-12　　　　　　　　　　tooltip 外觀選項

屬性	默認值/類型	說明
disabled	false/布爾值	設置為 true，將禁止顯示工具提示
content	無/字符串	設置 title 內容
items	無/字符串	設置選擇器以限定範圍
tooltipClass	無/字符串	引入 class 形式的 CSS 樣式

$('[title]').tooltip({

```
    disabled: false,
    content: '改變文字',
    items: 'input',
    tooltipClass: 'reg_tooltip'
});
```

表 16-13　　　　　　　　　tooltip 頁面位置選項

屬性	默認值/類型	說明
position	無/對象	使用對象的鍵值對賦值,有兩個屬性: my 和 at 表示坐標。my 是以目標點左下角為基準, at 以 my 為基準。

```
$('#user').tooltip({
    position: {
        my: 'left center',
        at: 'right+5 center'
    }
});
```

表 16-14　　　　　　　　　tooltip 視覺選項

屬性	默認值/類型	說明
show	false/布爾值	顯示對話框時,默認採用淡入效果
hide	false 布爾值	關閉對話框時,默認採用淡出效果

```
$('#user').tooltip({
    show: false,
    hide: false,
});
```

注意:設置 true 後,默認為淡入或淡出,如果想使用別的特效,可以使用以下表格中的字符串參數。

表 16-15　　　　　　　　　show 和 hide 可選特效

特效名稱	說明
blind	工具提示從頂部顯示或消失
bounce	工具提示斷斷續續地顯示或消失,垂直運動
clip	工具提示從中心垂直地顯示或消失
slide	工具提示從左邊顯示或消失
drop	工具提示從左邊顯示或消失,有透明度變化
fold	工具提示從左上角顯示或消失
highlight	工具提示顯示或消失,伴隨著透明度和背景色的變化

表16-15(續)

特效名稱	說明
puff	工具提示從中心開始縮放。顯示時「收縮」,消失時「生長」
scale	工具提示從中心開始縮放。顯示時「生長」,消失時「收縮」
pulsate	工具提示以閃爍形式顯示或消失

```
$('#user').tooltip({
    show: 'blind',
    hide: 'blind',
});
```

表 16-16　　　　　　　　　　　tooltip 行為選項

屬性	默認值/類型	說明
track	false/布爾值	設置為 true,能跟隨鼠標移動

```
$('#user').tooltip({
    track: true,
});
```

四、tooltip( ) 方法的事件

除了屬性設置外,tooltip( )方法也提供了大量的事件。這些事件可以給各種不同狀態時提供回調函數。這些回調函數中的 this 值等於對話框內容的 div 對象,不是整個對話框的 div。

表 16-17　　　　　　　　　　　tootip 事件選項

事件名	說明
create	當工具提示被創建時,會調用 create 方法。該方法有兩個參數(event、ui)。此事件中的 ui 參數為空。
open	當工具提示被顯示時,會調用 open 方法。該方法有兩個參數(event、ui)。此事件中的 ui 有一個參數 tooltip,返回是工具提示的 JQuery 對象。
close	當工具提示關閉時,會調用 close 方法。關閉的工具提示可以用 tooltip('open')重新打開,該方法有兩個參數(event、ui)。此事件中的 ui 有一個參數 tooltip,返回是工具提示的 JQuery 對象。

```
//當創建工具提示時
$('#user').tooltip({
    create: function () {
        alert('創建觸發!');
    }
});

//當工具提示關閉時
```

```
$('#user').tooltip({
    close: function () {
        alert('關閉觸發');
    }
});

//當工具提示打開時
$('#user').tooltip({
    open: function () {
        alert('打開觸發');
    }
});
```

表 16-18　　　　　　　　　tooltip('action', param) 方法

方法	返回值	說明
tooltip('open')	JQuery 對象	打開工具提示。
tooltip('close')	JQuery 對象	關閉工具提示。
tooltip('disable')	JQuery 對象	禁用工具提示。
tooltip('enable')	JQuery 對象	啟用工具提示。
tooltip('destroy')	JQuery 對象	刪除工具提示，直接阻斷了 tooltip。
tooltip('widget')	JQuery 對象	獲取工具提示的 JQuery 對象。
tooltip('option', param)	一般值	獲取 options 屬性的值。
tooltip('option', param, value)	JQuery 對象	設置 options 屬性的值。

```
//打開工具提示
$('#user').tooltip('open');

//關閉工具提示
$('#user').tooltip('close');

//禁用工具提示
$('#user').tooltip('disable');

//啟用工具提示
$('#user').tooltip('enable');

//刪除工具提示
$('#user').tooltip('destroy');
```

```
//獲取工具提示 JQuery 對象
$('#user').tooltip('widget');

//獲取某個 options 的 param 選項的值
var title = $('#user').tooltip('option', 'content');
alert(title);

//設置某個 options 的 param 選項的值
$('#reg').dialog('option', 'content', '提示內容');
```

五、tooltip( ) 中使用 on( )

在 tooltip 的事件中，提供了使用 on( ) 方法處理的事件方法。

表 16-19　　　　　　　　on( ) 方法觸發的對話框事件

特效名稱	說明
tooltipopen	顯示時觸發。
tooltipclose	每一次移動時觸發。

```
$('#reg').on('tooltipopen', function() {
    alert('打開時觸發！');
});
```

自動補全 UI

學習要點：

24. 調用 autocomplete( ) 方法
25. 修改 autocomplete( ) 樣式
26. autocomplete( ) 方法的屬性
27. autocomplete( ) 方法的事件
28. autocomplete 中使用 on( )

自動補全 (autocomplete) 是一個可以減少用戶輸入完整信息的 UI 工具。一般先輸入郵箱、搜索關鍵字等，然後提取出相應完整字符串供用戶選擇。

一、調用 autocomplete( ) 方法

```
$('#email').autocomplete({
    source: ['aaa@163.com', 'bbb@163.com', 'ccc@163.com'],
});
```

二、修改 autocomplete( ) 樣式

由於 autocomplete( ) 方法是彈出窗口，然後是鼠標懸停的樣式。我們通過 Firebug 想

獲取到懸停時背景的樣式,可以直接通過 jquery.ui.css 找到相應的 CSS。

```
//無需修改 ui 裡的 CSS,直接用 style.css 替代
.ui-menu-item a.ui-state-focus {
    background:url(../img/ui_header_bg.png);
}
```

注意:其他修改方案類似。

三、autocomplete( )方法的屬性

自動補全方法有兩種形式:①autocomplete(options)。options 是以對象鍵值對的形式傳參,每個鍵值對表示一個選項。②autocomplete('action', param)。action 是操作對話框方法的字符串,param 則是 options 的某個選項。

表 16-20　　　　　　　　　autocomplete 外觀選項

屬性	默認值/類型	說明
disabled	false/布爾值	設置為 true,將禁止顯示自動補全。
source	無/數組	指定數據源,可以是本地的,也可以是遠程的。
minLength	1/數值	默認為 1,觸發補全列表最少輸入字符數。
delay	300/數值	默認為 300 毫秒,延遲顯示設置。
autoFocus	false/布爾值	設置為 true 時,第一個項目會自動被選定。

```
$('#email').autocomplete({
    source: ['aaa@163.com', 'bbb@163.com', 'ccc@163.com'],
    disabled: false,
    minLength: 2,
    delay: 50,
    autoFocus: true,
});
```

表 16-21　　　　　　　　　autocomplete 頁面位置選項

屬性	默認值/類型	說明
position	無/對象	使用對象的鍵值對賦值,有兩個屬性:my 和 at 表示坐標。my 以目標點左上角為基準,at 以目標點右下角為基準。

```
$('#email').autocomplete({
    position: {
        my: 'left center',
        at: 'right center'
    }
});
```

三、autocomplete( )方法的事件

除了屬性設置外,autocomplete( )方法也提供了大量的事件。這些事件可以給各種不同狀態時提供回調函數。這些回調函數中的 this 值等於對話框內容的 div 對象,不是整

個對話框的 div。

表 16-22　　　　　　　　　　　autocomplete 事件選項

事件名	說明
create	當自動補全被創建時,會調用 create 方法。該方法有兩個參數(event, ui)。此事件中的 ui 參數為空。
open	當自動補全被顯示時,會調用 open 方法。該方法有兩個參數(event, ui)。此事件中的 ui 參數為空。
close	當自動補全被關閉時,會調用 close 方法。該方法有兩個參數(event, ui)。此事件中的 ui 參數為空。
focus	當自動補全獲取焦點時,會調用 focus 方法。該方法有兩個參數(event, ui)。此事件中的 ui 有一個子屬性對象 item,分別有兩個屬性:label,補全列表顯示的文本;value,將要輸入框的值。一般 label 和 value 值相同。
select	當自動補全獲被選定時,會調用 select 方法。該方法有兩個參數(event, ui)。此事件中的 ui 有一個子屬性對象 item,分別有兩個屬性:label,補全列表顯示的文本;value,將要輸入框的值。一般 label 和 value 值相同。
change	當自動補全失去焦點且內容發生改變時,會調用 change 方法。該方法有兩個參數(event, ui)。此事件中的 ui 參數為空。
search	當自動補全搜索完成後。會調用 search 方法。該方法有兩個參數(event, ui)。此事件中的 ui 參數為空。
response	當自動補全搜索完成後,在菜單顯示之前,會調用 response 方法。該方法有兩個參數(event, ui)。此事件中的 ui 參數有一個子對象 content,它會返回 label 和 value 值,可通過遍歷瞭解。

```
$('#email').autocomplete({
    source: ['aaa@163.com', 'bbb@163.com', 'ccc@163.com'],
    disabled: false,
    minLength: 1,
    delay: 0,
    focus: function (e, ui) {
        ui.item.value = '123';
    },
    select: function (e, ui) {
        ui.item.value = '123';
    },
    change: function (e, ui) {
        alert('');
    },
    search: function (e, ui) {
        alert('');
    },
});
```

表 16-23　　　　　　　　autocomplete('action', param) 方法

方法	返回值	說明
autocomplete('close')	JQuery 對象	關閉自動補齊。
autocomplete('disable')	JQuery 對象	禁用自動補齊。
autocomplete('enable')	JQuery 對象	啟用自動補齊。
autocomplete('destroy')	JQuery 對象	刪除自動補齊，直接阻斷。
autocomplete('widget')	JQuery 對象	獲取工具提示的 JQuery 對象。
autocomplete('search', value)	JQuery 對象	在數據源獲取匹配的字符串。
autocomplete('option', param)	一般值	獲取 options 屬性的值。
autocomplete('option', param, value)	JQuery 對象	設置 options 屬性的值。

```
//關閉自動補全
$('#email').autocomplete('close');

//禁用自動補全
$('#email').autocomplete('disable');

//啟用自動補全
$('#email').autocomplete('enable');

//刪除自動補全
$('#email').autocomplete('destroy');

//獲取自動補全 JQuery 對象
$('#email').autocomplete('widget');

//設置自動補全 search
$('#email').autocomplete('search', '');

//獲取某個 options 的 param 選項的值
var delay = $('#email').autocomplete('option', 'delay');
alert(delay);

//設置某個 options 的 param 選項的值
$('#email').dialog('option', 'delay', 0);
```

四、autocomplete 中使用 on( )
在 autocomplete 的事件中，提供了使用 on( ) 方法處理的事件方法。

表 16-24　on( )方法觸發的對話框事件

事件名稱	說明
autocompleteopen	顯示時觸發。
autocompleteclose	關閉時觸發。
autocompletesearch	查找時觸發。
autocompletefocus	獲得焦點時觸發。
autocompleteselect	選定時觸發。
autocompletechange	改變時觸發。
autocompleteresponse	搜索完畢後，顯示之前。

```
$('#reg').on('autocompleteopen', function() {
    alert('打開時觸發！');
});
```

郵箱自動補全

學習要點：

29. 數據源 function
30. 郵箱自動補全

本節課，我們通過自動補全 source 屬性的 function 回調函數，來動態地設置我們的數據源，以達到可以實現郵箱補全的功能。

一、數據源 function

自動補全 UI 的 source 不但可以是數組，也可以是 function 回調函數。下面提供了自帶的兩個參數設置動態的數據源。

```
$('#email').autocomplete({
    source: function(request, response) {
        alert(request.term);                          //可以獲取你輸入的值
        response(['aa', 'aaaa', 'aaaaaa', 'bb']);    //展示補全結果
    },
});
```

注意:這裡的 response 不會根據你搜索關鍵字而過濾無關結果，而是把整個結果全部呈現出來。因為 source 數據源，本身就是給你動態改變的，由你自定義，從而放棄系統內置的搜索能力。

二、郵箱自動補全

```
$('#email').autocomplete({
```

```
            autoFocus: true,
            delay: 0,
            source: function (request, response) {
                var hosts = ['qq.com','163.com', '263.com', 'gmail.com', 'hotmail.com'],   //起始
                    term = request.term,             //獲取輸入值
                    ix = term.indexOf('@'),          //@
                    name = term,                     //用戶名
                    host = '',                       //域名
                    result = [];                     //結果

                //結果第一條是自己輸入
                result.push(term);

                if (ix > -1) {                       //如果有@的時候
                    name = term.slice(0, ix);        //得到用戶名
                    host = term.slice(ix + 1);       //得到域名
                }

                if (name) {
                    //得到找到的域名
                    var findedHosts = (host ? $.grep(hosts, function (value, index) {
                        return value.indexOf(host) > -1;
                    }) : hosts),
                    //最終列表的郵箱
                    findedResults = $.map(findedHosts, function (value, index) {
                        return name + '@' + value;
                    });

                    //增加一個自我輸入
                    result = result.concat(findedResults);
                }
                response(result);
            },
        });
```

日曆 UI

學習要點：

31. 調用 datepicker( ) 方法
32. 修改 datepicker( ) 樣式
33. datepicker( ) 方法的屬性
34. datepicker( ) 方法的事件

日曆(datepicker)UI 可以讓用戶更加直觀、方便的輸入日期，並且還考慮了不同國家的語言限制，包括漢語。

一、調用 datepicker( ) 方法

$('#date').datepicker( );

二、修改 datepicker( ) 樣式

日曆 UI 的 header 背景和對話框 UI 的背景採用的是同一個 class，所以，在此之前已經被修改。所以，這裡無需再修改了。

//無需修改 ui 裡的 CSS，直接用 style.css 替代
.ui-widget-header {
　　　background:url(../img/ui_header_bg.png);
}

//修改當天日期的樣式
.ui-datepicker-today .ui-state-highlight {
　　　border:1px solid #eee;
　　　color:#f60;
}

//修改選定日期的樣式
.ui-datepicker-current-day .ui-state-active {
　　　border:1px solid #eee;
　　　color:#06f;
}

注意：其他修改方案類似。

三、datepicker( ) 方法的屬性

日曆方法有兩種形式：①datepicker(options)。options 是以對象鍵值對的形式傳參，每個鍵值對表示一個選項。②datepicker('action', param)。action 是操作對話框方法的字符串，param 則是 options 的某個選項。

表 16-25　　　　　　　　　　　　datepicker 國際化選項

屬性	默認值/類型	說明
dateFormat	mm/dd/yy/時間	指定日曆返回的日期格式。
dayNames	英文日期/數組	以數組形式指定星期中的天的長格式。比如 Sunday、Monday 等。中文:星期日。
dayNamesShort	英文日期/數組	以數組形式指定星期中的天的短格式。比如 Sun、Mon 等。
dayNamesMin	英文日期/數組	以數組形式指定星期中的天的最小格式。比如 Su、Mo 等。
monthNames	英文月份/數組	以數組形式指定月份的長格式名稱(January、February 等)。數組必須從 January 開始。
monthNamesShort	英文月份/數組	以數組形式指定月份的短格式名稱(Jan、Feb 等)。數組必須從 January 開始。
altField	無/字符串	為日期選擇器指定一個<input>域。
altFormat	無/字符串	添加到<input>域的可選日期格式。
appendText	無/字符串	在日期選擇器的<input>域後面附加文本。
showWeek	false/布爾值	顯示周。
weekHeader	' Wk '/字符串	顯示周的標題。
firstDay	0/數值	指定日曆中的星期從星期幾開始。0 表示星期日。

注意:在默認情況下,日曆顯示為英文。如果你想使用中文日曆,直接引入中文語言包即可。或者把中文語言包的幾行代碼整合到某個 js 文件裡即可。

表 16-26　　　　　　　　　　　　日期格式代碼

代碼	說明
d	月份中的天,從 1 到 31。
dd	月份中的天,從 01 到 31。
o	年份中的天,從 1 到 366。
oo	年份中的天,從 001 到 366。
D	星期中的天的縮寫名稱(Mon、Tue 等)。
DD	星期中的天的全寫名稱(Monday、Tuesday 等)。
m	月份,從 1 到 12。
mm	月份,從 01 到 12。
M	月份的縮寫名稱(Jan、February 等)。
MM	月份的全寫名稱(January、February 等)。
y	兩位數字的年份(14 表示 2014)。
yy	四位數字的年份(2014)。
@	從 01/01/1997 至今的毫秒數。

```
$('#date').datepicker({
    dateFormat:'yy-mm-dd',
    dayNames:['星期日','星期一','星期二','星期三','星期四','星期五','星期六'],
    dayNamesShort:['星期日','星期一','星期二','星期三','星期四','星期五','星期六'],
    dayNamesMin:['日','一','二','三','四','五','六'],
    monthNames:['一月','二月','三月','四月','五月','六月','七月','八月','九月','十月','十一月','十二月'],
    monthNamesShort:['一','二','三','四','五','六','七','八','九','十','十一','十二'],
    altField:'#abc',
    altFormat:'yy-mm-dd',
    appendText:'(yy-mm-dd)',
    firstDay:1,
    showWeek:true,
    weekHeader:'周',
});
```

表 16-27　　　　　　　　　　　　datepicker 外觀選項

屬性	默認值/類型	說明
disabled	false/布爾值	禁用日曆。
numberOfMonths	1/數值	日曆中同時顯示的月份個數。默認為 1，如果設置 3 就同時顯示 3 個月份。也可以設置數組：[3,2]，3 行 2 列共 6 個。
showOtherMonths	false/布爾值	如果設置為 true，當月中沒有使用的單元格會顯示填充，但無法使用。默認為 false，會隱藏無法使用的單元格。
selectOtherMonths	false/布爾值	如果設置為 true，表示可以選擇上個月或下個月的日期。前提是 show Other Months 設置為 true。
changeMonth	false/布爾值	如果設置為 true，顯示快速選擇月份的下拉列表。
changeYear	false/布爾值	如果設置為 true，顯示快速選擇年份的下拉列表。
isRTL	false/布爾值	是否由右向左繪製日曆。
autoSize	false/布爾值	是否自動調整控件大小，以適應當前的日期格式的輸入
showOn	'focus'/字符串	默認值為 focus，獲取焦點觸發，還有 button 點擊按鈕觸發和 both 任一事件發生時觸發。
buttonText	'...'/字符串	觸發按鈕上顯示的文本。
buttonImage	無/字符串	圖片按鈕地址。
buttonImageOnly	false/布爾值	設置為 true 則會使圖片代替按鈕。
showButtonPanel	false/布爾值	開啟顯示按鈕面板。
closeText	'done'/字符串	設置關閉按鈕的文本。

表16-27(續)

屬性	默認值/類型	說明
currentText	'Today'/字符串	設置獲取今日日期的按鈕文本。
nextText	'Next'/字符串	設置下一月的 alt 文本。
prevText	'Prev'/字符串	設置上一月的 alt 文本。
navigationAsDateFormat	false/字符串	設置 prev、next 和 current 的文字可以是 format 的日期格式。
yearSuffix	無/字符串	附加在年份後面的文本。
showMonthAfterYear	false/布爾值	設置為 true,則將月份放置在年份之後。

```
$('#date').datepicker({
    disabled: true,
    numberOfMonths: [3,2],
    showOtherMonths: true,
    selectOtherMonths: true,
    changeMonth: true,
    changeYear: true,
    isRTL: true,
    autoSize: true,
    showButtonPanel: true,
    closeText: '關閉',
    currentText: '今天',
    showMonthAfterYear: true,
});
```

表16-28　　　　　　　　　　datepicker 日期選項

屬性	默認值/類型	說明
minDate	無/對象、字符串或數值	日曆中可以選擇的最小日期。
maxDate	無/對象、字符串或數值	日曆中可以選擇的最大日期。
defaultDate	當天/日期	預設默認選定日期。沒有指定,則是當天。
yearRange	無/日期	設置下拉菜單年份的區間。比如:1950:2020。
hideIfNoPrevNext	false/字符串	設置為 true,如果上一月和下一月不存在,則隱藏按鈕。
gotoCurrent	false/布爾值	如果為 true,點擊今日且回車後選擇的是當前選定的日期,而不是今日。

```
$('#date').datepicker({
    yearRange: '1950:2020',
```

```
        minDate: -10000,
        maxDate: 0,              //可以用 new Date(2007,1,1)
        defaultDate: -1,         //可以用'1m+3'
        hideIfNoPrevNext: true,
        gotoCurrent: false,
});
```

表 16-29　　　　　　　　　選擇日期的字符串表示方法

屬性	說明
x	當前日期之後的 x 天(其中 x 範圍從 1 到 n),比如:1,2。
-x	當前日期之前的 x 天(其中 x 範圍從 1 到 n),比如:-1,-2。
xm	當前日期之後的 x 個月(其中 x 範圍從 1 到 n),比如:1m,2m。
-xm	當前日期之前的 x 個月(其中 x 範圍從 1 到 n),比如:-1m,-2m。
xw	當前日期之後的 x 周(其中 x 範圍從 1 到 n),比如:1w,2w。
-xw	當前日期之後的 x 周(其中 x 範圍從 1 到 n),比如:-1w,2w。

表 16-30　　　　　　　　　　datepicker 視覺選項

屬性	默認值/類型	說明
showAnim	fadeIn/字符串	設置 false,無效果。默認效果為:fadeIn。
duration	300/數值	日曆顯示或消失時的持續時間,單位毫秒。

```
$('#date').datepicker({
        yearRange: '1950:2020',
        showAnim: false,
        duration: 300,
});
```

表 16-31　　　　　　　　　　datepicker 可選特效

特效名稱	說明
blind	日曆從頂部顯示或消失。
bounce	日曆斷斷續續地顯示或消失,垂直運動。
clip	日曆從中心垂直地顯示或消失。
slide	日曆從左邊顯示或消失。
drop	日曆從左邊顯示或消失,有透明度變化。
fold	日曆從左上角顯示或消失。
highlight	日曆顯示或消失,伴隨著透明度和背景色的變化。
puff	日曆從中心開始縮放。顯示時「收縮」,消失時「生長」。

表16-31(續)

特效名稱	說明
scale	日曆從中心開始縮放。顯示時「生長」,消失時「收縮」。
pulsate	日曆以閃爍形式顯示或消失。
fadeIn	日曆顯示或消失時伴隨透明度變化。

四、datepicker( )方法的事件

除了屬性設置外,datepicker( )方法也提供了大量的事件。這些事件可以給各種不同狀態時提供回調函數。這些回調函數中的 this 值等於對話框內容的 div 對象,不是整個對話框的 div。

表 16-32　　　　　　　　　　datepicker 事件選項

事件名	說明
beforeShow	日曆顯示之前會被調用。
beforeShowDay	beforeShowDay(date)方法在顯示日曆中的每個日期時會被調用(date 參數是一個 Date 類對象)。該方法必須返回一個數組來指定每個日期的信息: 該日期是否可以被選擇(數組的第一項,為 true 或 false); 該日期單元格上使用的 CSS 類; 該日期單元格上顯示的字符串提示信息。
onChangeMonthYear	onChangeMonthYear(year, month, inst)方法在日曆中顯示的月份或年份改變時會被調用。或者 changeMonth 或 changeYear 為 true 時,下拉改變時也會觸發。Year 當前的年,month 當年的月,inst 是一個對象,可以調用一些屬性獲取值。
onClose	onClose(dateText, inst)方法在日曆被關閉的時候調用。dateText 是當時選中的日期字符串,inst 是一個對象,可以調用一些屬性獲取值。
onSelect	onSelect(dateText, inst)方法在選擇日曆的日期時被調用。dateText 是當時選中的日期字符串,inst 是一個對象,可以調用一些屬性獲取值。

```
$('#date').datepicker({
    beforeShow: function(){
        alert('日曆顯示之前觸發!');
    },
    beforeShowDay: function(date){
        if(date.getDate() === 1){
            return [false,'a','不能選擇'];
        }else{
            return [true];
        }
    },
    onChangeMonthYear: function(year,month,inst){
        alert(year);
```

```
    },
    onClose: function (dateText, inst) {
        alert(dateText);
    },
    onSelect: function (dateText, inst) {
        alert(dateText);
    }
});
```

注意:JQuery UI 只允許使用選項中定義的事件。目前還不可以試用 on( ) 方法來管理。

表 16-33　　　　　　　datepicker('action', param) **方法**

方法	返回值	說明
datepicker('show')	JQuery 對象	顯示日曆。
datepicker('hide')	JQuery 對象	隱藏日曆。
datepicker('getDate')	JQuery 對象	獲取當前選定日曆。
datepicker('setDate', date)	JQuery 對象	設置當前選定日曆。
datepicker('destroy')	JQuery 對象	刪除日曆,直接阻斷。
datepicker('widget')	JQuery 對象	獲取日曆的 JQuery 對象。
datepicker('isDisabled')	JQuery 對象	獲取日曆是否禁用。
datepicker('refresh')	JQuery 對象	刷新一下日曆。
datepicker('option', param)	一般值	獲取 options 屬性的值。
datepicker('option', param, value)	JQuery 對象	設置 options 屬性的值。

```
//顯示日曆
$('#date').datepicker('show');

//隱藏日曆
$('#date').datepicker('hide');

//獲取當前選定日期
alert($('#date').datepicker('getDate').getFullYear());

//設置當前選定日期
$('#date').datepicker('setDate', '2/15/2014');

//刪除日曆
$('#date').datepicker('destroy');
```

//獲取日曆的 JQuery 對象
$('#date').datepicker('widget');

//刷新日曆
$('#date').datepicker('refresh');

//獲取是否禁用日曆
alert($('#date').datepicker('isDisabled'));

//獲取屬性的值
alert($('#date').datepicker('option','disabled'));

//設置屬性的值
$('#date').datepicker('option','disabled',true);

驗證插件

學習要點：

35. 使用 validate.js 插件
36. 默認驗證規則
37. validate()方法和選項
38. validate.js 其他功能

驗證插件(validate.js)是一款驗證常規表單數據合法性的插件。使用它，極大地解放了在表單上繁雜的驗證過程，同時也增加了用戶體驗。

一、使用 validate.js 插件

官網下載：http://bassistance.de/jquery-plugins/jquery-plugin-validation

最重要的文件是 validate.js，還有兩個可選的輔助文件：additional-methods.js(控件 class 方式)和 message_zh.js(提示漢化)文件(實際使用，請使用 min 壓縮版)。

第一步：引入 validate.js

`<script type="text/javascript" src="js/jquery.validate.js"></script>`

第二步：在 JS 文件中執行

$('#reg').validate();

二、默認驗證規則

Validate.js 的默認驗證規則的寫法有兩種形式：①控件屬性方式；②JS 鍵值對傳參方式。

表 16-34　　　　　　　　　　默認規則列表

規則名	說明
required:true	必須輸入字段。
email:true	必須輸入正確格式的電子郵件。
url:true	必須輸入正確格式的網址。
date:true	必須輸入正確格式的日期(IE6 驗證出錯)。
dateISO:true	必須輸入正確格式的日期(ISO)(只驗證格式,不驗證有效)。
number:true	必須輸入合法的數字(負數,小數)。
digits:true	必須輸入正整數。
creditcard:true	必須輸入合法的信用卡號,如 5105105105105100。
equalTo:"#field"	輸入值必須和#field 相同。
minlength:5	輸入長度最小是 5 的字符串(漢字算一個字符)。
maxlength:10	輸入長度最多是 10 的字符串(漢字算一個字符)。
rangelength:[5,10]	輸入長度介於 5 和 10 之間的字符串"(漢字算一個字符)。
range:[5,10]	輸入值必須介於 5 和 10 之間。
min:5	輸入值不能小於 5。
max:10	輸入值不能大於 10。
remote:"check.php"	使用 ajax 方法調用 check.php 驗證輸入值。

```
//使用控件方式驗證「必填和不得小於兩位」
<input type="text" class="required" minlength="2" name="user" id="user" />
```

注意:默認規則裡設置布爾值的,直接寫到 class 裡即可實現。如果是數字或數組區間,直接使用屬性=值的方式即可。而對於錯誤提示是因為可以引入中文漢化文件,或直接替換即可。

```
//使用 JS 對象鍵值對傳參方式設置
$('#reg').validate({
    rules:{
        user:{                          //只有一個規則的話,
            required:true,              //直接 user:'required',
            minlength:2,
        },
    },
    messages:{
        user:{
            required:'帳號不得為空!',
            minlength:'帳號不得小於 2 位!',
```

```
        },
    }
});
```

注意:由於第一種形式不能設置指定的錯誤提示信息。我們推薦使用第二種形式。

```
//所有規則演示
$('#reg').validate({
    rules:{
        email:{
            email:true,
        },
        url:{
            url:true,
        },
        date:{
            date:true,
        },
        dateIOS:{
            dateIOS:true,
        },
        number:{
            number:true,
                        digits:{
            digits:true,
        },
        creditcard:{
            creditcard:true,
        },
        min:{
            min:5,
        },
        range:{
            range:[5,10],
        },
        rangelength:{
            rangelength:[5,10],
        },
        notpass:{
            equalTo:'#pass',            //這裡的To是大寫的T
```

```
            }
        },
});
```

三、validate()的方法和選項

除了默認的驗證規則外,validate.js 還提供了大量的其他屬性和方法供開發者使用。比如調試屬性,錯誤提示位置一系列比較有用的選項。

```
//JQuery.format 格式化錯誤提示
$('#reg').validate({
    rules:{
        user:{
            required: true,
            minlength: 5,
            rangelength:[5,10]
        },
    },
    messages:{
        user:{
            required:'帳號不得為空!',
            minlength: JQuery.format('帳號不得小於{0}位!'),
            rangelength: JQuery.format('帳號限制在{0}-{1}位!'),
        },
    },
});

//開啟調試模式禁止提交
$('#reg').validate({
    debug: true,
});

//設置調試模式為默認,可以禁止多個表單提交
$.validator.setDefaults({
    debug: true,
});

//使用其他方式代替默認提交
submitHandler: function(form){
            //可以執行 AJAX 提交,並且無需 debug:true 阻止提交了
},

//忽略某個字段驗證
```

```
ignore: '#pass',

//群組錯誤提示
groups: {
    myerror: 'user pass',
},

//顯示群組的錯誤提示
focusInvalid: false,
errorPlacement: function (error, element) {
    $.each(error, function (index, value) {
        $('.myerror').html( $('.myerror').html() + $(value).html() );
    })
},

//群組錯誤提示,分開
groups: {
    error_user: 'user',
    error_pass: 'pass'
},

//將群組的錯誤指定存放位置
errorPlacement: function (error, element) {
    error.appendTo('.myerror');
},

//設置錯誤提示的 class 名
errorClass: 'error_list',

//設置錯誤提示的標籤
errorElement: 'p',

//統一包裹錯誤提示
errorLabelContainer: 'ol.error',
wrapper: 'li',

//設置成功後加載的 class
success: 'success',

//使用方法加載 class 並添加文本
```

```
success: function (label) {
    label.addClass('success').text('ok');
},

//高亮顯示有錯誤的元素,變色式
highlight: function(element, errorClass) {
    $(element).fadeOut(function() {
        $(element).fadeIn()
    })
},

//高亮顯示有錯誤的元素,變色式
highlight: function(element, errorClass) {
    $(element).css('border', '1px solid red');
},

//成功的元素移出錯誤高亮
unhighlight: function (element, errorClass) {
    $(element).css('border', '1px solid #ccc');
},

//表單提交時獲取信息
invalidHandler: function (event, validator) {
    var errors = validator.numberOfInvalids();
    if (errors) {
        $('.myerror').html('您有' + errors + '個表單元素填寫非法!');
    }
},

//獲取錯誤提示句柄,不用提交及時獲取值
showErrors: function (errorMap, errorList) {
    var errors = this.numberOfInvalids();
    if (errors) {
        $('.myerror').html('您有' + errors + '個表單元素填寫非法!');
    } else {
        $('.myerror').hide();
    }
    this.defaultShowErrors();              //執行默認錯誤
},
```

```
//獲取錯誤提示句柄,errorList
showErrors: function (errorMap, errorList) {
    alert(errorList[0].message);        //得到錯誤信息
    alert(errorList[0].element);        //當前錯誤的表單元素
},
```

三、validate.js 其他功能

使用 remote:url,可以對表單進行 AJAX 驗證,默認會提交當前驗證的值到遠程地址。如果需要提交其他的值,可以使用 data 選項。

```
//使用 AJAX 驗證
rules: {
    user: {
        required: true,
        minlength: 2,
        remote: 'user.php',
    },
},

//user.php 內容
<? php
    if ( $_GET['user'] == 'bnbbs') {
        echo 'false';
    } else {
        echo 'true';
    }
? >
```

注意:遠程地址只能輸出'true'或'false',不能輸出其他值。

```
//同時傳遞多個值到遠程端
pass: {
    required: true,
    minlength: 6,
    remote: {
        url: 'user.php',
        type: 'POST',
        dataType: 'json',
        data: {
            user: function () {
                return $('#user').val();
            },
```

```
            },
        },
    },

    //user.php 內容
    <? php
        if ( $_POST['user'] ! = 'bnbbs' || $_POST['pass'] ! = '123456') {
            echo 'false';
        } else {
            echo 'true';
        }
    ? >
```

validate.js 提供了一些事件觸發的默認值,這些值大部分是不用更改的。
//取消提交驗證
onsubmit: false,   //默認是 true
注意:設置為 false 會導致直接傳統提交,不會實現驗證功能,一般是用於 keyup/click/blur 驗證提交。

//設置鼠標離開不觸發驗證
onfocusout: false,   //默認為 true

//設置鍵盤按下彈起不觸發驗證
onkeyup: false,   //默認為 true
注意:只要設置了,在測試的瀏覽器不管是 false 還是 true 都不觸發了。

//設置點擊 checkbox 和 radio 點擊不觸發驗證
onclick: false,//默認為 true

//設置錯誤提示後,無法獲取焦點
focusInvalid: false,   //默認為 true

//提示錯誤時,隱藏錯誤提示,不能和 focusInvalid 一起用,衝突
focusCleanup: true,   //默認為 false

如果表單元素設置了 title 值,且 messages 為默認,就會讀取 title 值的錯誤信息,我們可以通過 ignoreTitle: true,設置為 true,屏蔽這一個功能。
ignoreTitle: true,   //默認為 false

//判斷表單所驗證的元素是否全部有效

```
alert($('#reg').valid());              //全部有效返回true
```

Validate.js 提供了可以單獨驗證每個表單元素的 rules 方法，不但提供了 add 增加驗證，還提供了 remove 刪除驗證的功能。

```
//給 user 增加一個表單驗證
$('#user').rules('add',{
    required: true,
    minlength: 2,
    messages:{
        required: '帳號不得為空！',
        minlength: JQuery.format('帳號不得小於{0}位！'),
    }
});

//刪除 user 的所有驗證規則
$('#user').rules('remove');

//刪除 user 的指定驗證規則
$('#user').rules('remove','minlength min max');

//添加自定義驗證
$.validator.addMethod('code', function(value, element){
    var tel = /^[0-9]{6}$/;
    return this.optional(element) || (tel.test(value));
},'請正確填寫您的郵政編碼');

//調用自定義驗證
rules:{
    code:{
        required: true,
        code: true,
    }
},
```

驗證註冊表單

學習要點：

39. html 部分
40. css 部分
41. JQuery 部分

本節課，將使用 validate.js 驗證插件功能，完成表單註冊驗證的功能。

一、html 部分

html 部分不需要更改太多，只要加個存放錯誤提示的列表標籤即可。

```
<ol class="reg_error"></ol>
```

二、css 部分

css 部分主要是成功後引入一張小圖標，還有錯誤列表樣式。

```css
#reg p .star {
    color:maroon;
}
#reg p .success {
    display:inline-block;
    width:28px;
    background:url(../img/reg_succ.png) no-repeat;
}
#reg ol {
    margin:0;
    padding:0 0 0 20px;
    color:maroon;
}
#reg ol li {
    height:20px;
}
```

三、JQuery 部分

JQuery 部分很常規，基本使用了 validate.js 的核心功能。

```
$('#reg').dialog({
    autoOpen: false,
    modal: true,
    resizable: false,
    width: 320,
    height: 340,
```

```
            buttons: {
                '提交': function () {
                    $(this).submit();
                }
            },
        }).buttonset().validate({
            submitHandler: function (form) {
                alert('驗證完成,準備提交!');
            },
            showErrors: function (errorMap, errorList) {
                var errors = this.numberOfInvalids();
                if (errors > 0) {
                    $('#reg').dialog('option', 'height', 20 * errors + 340);
                } else {
                    $('#reg').dialog('option', 'height', 340);
                }
                this.defaultShowErrors();
            },
            highlight: function (element, errorClass) {
                $(element).css('border', '1px solid #630');
            },
            unhighlight: function (element, errorClass) {
                $(element).css('border', '1px solid #ccc');
                $(element).parent().find('span').html(' ').addClass('succ');
            },
            errorLabelContainer: 'ol.reg_error',
            wrapper: 'li',
            rules: {
                user: {
                    required: true,
                    minlength: 2,
                },
                pass: {
                    required: true,
                    minlength: 6,
                },
                email: {
                    required: true,
                    email: true,
                },
```

```
            date: {
                date: true,
            },
        },
        messages: {
            user: {
                required: '帳號不得為空！',
                minlength: JQuery.format('帳號不得少於{0}位！'),
            },
            pass: {
                required: '密碼不得為空！',
                minlength: JQuery.format('密碼不得少於{0}位！'),
            },
            email: {
                required: '郵箱不得為空！',
                email: '請輸入正確的郵箱格式！',
            },
            date: {
                date: '請輸入正確的日期！',
            },
        },
    });
```

AJAX 表單插件

學習要點：

42. 核心方法
43. option 參數
44. 工具方法

傳統的表單提交需要多次跳轉頁面,極大地消耗了資源也缺乏良好的用戶體驗。而這款 form.js 表單的 AJAX 提交插件將解決這個問題。

一、核心方法

官方網站:http://malsup.com/jquery/form/

form.js 插件有兩個核心方法:ajaxForm() 和 ajaxSubmit()。它們集合了從控製表單元素到決定如何管理提交進行的功能。

//ajaxForm 提交方式
$ ('#reg').ajaxForm(function () {

```
        alert('提交成功！');
    });
```

注意：使用 ajaxForm( ) 方法，會直接實現 AJAX 提交。自動阻止了默認行為，而它提交的默認頁面是 form 控件的 action 屬性的值。提交的方式是 method 屬性的值。

```
//ajaxSubmit( )提交方式
$('#reg').submit(function(){
    $(this).ajaxSubmit(function(){
        alert('提交成功！');
    });
    return false;
});
```

注意：ajaxForm( ) 方法是針對 form 直接提交的，所以阻止了默認行為。而 ajaxSubmit( ) 方法，由於是針對 submit( ) 方法的，所以需要手動阻止默認行為。

二、option 參數

option 參數是一個以鍵值對傳遞的對象，通過這個對象，可以設置各種 AJAX 提交的功能。

```
$('#reg').submit(function(){
    $(this).ajaxSubmit({
        url:'test.php',              //設置提交的 url, 可覆蓋 action 屬性
        target:'#box',               //服務器返回的內容存放在#box 裡
        type:'POST',                 //GET, POST
        dataType:null,               //xml, json, script, 默認為 null
        clearForm:true,              //成功提交後, 清空表單
        resetForm:true,              //成功提交後, 重置表單
        data:{                       //增加額外的數據提交
            aaa:'bbb',
            ccc:'ddd'.
        },
        beforeSubmit:function(formData, jqForm, options){
            alert(formData[0].name);     //得到傳遞表單元素的 name
            alert(formData[0].value);    //得到傳遞表單元素的 value
            alert(jqForm);               //得到 form 的 jquery 對象
            alert(options);              //得到目前 options 設置的屬性
            alert('正在提交中！！！');
            return true;
        },
        success:function(responseText, statusText){
```

```
            alert(responseText + statusText);    //成功後回調
        },
        error: function (event, errorText, errorType) {    //錯誤時調用
            alert(errorText + errorType);
        },
    });
    return false;
});
```

三、工具方法

form.js 除了提供兩個核心方法之外，還提供了一些常用的工具方法。這些方法主要是在提交前或後對數據或表單進行處理的。

```
//表單序列化
alert( $('#reg').formSerialize() );

//序列化某一個字段
alert( $('#reg #user').fieldSerialize() );

//得到某個字段的 value 值
alert( $('#reg #user').fieldValue() );

//重置表單
 $('#reg').resetForm()

//清空某個字段
 $('#reg #user').clearFields();
```

AJAX 提交表單

學習要點：

45. 創建數據庫
46. Loading 製作
47. AJAX 提交

本節課運用兩大表單插件，完成數據表新增的工作。

一、創建數據庫

創建一個數據庫，名稱為：zhiwen。它可以表示為：id、user、pass、email、sex、birthday、date。

所需的 PHP 文件：config.php、add.php、is_user.php。

```php
//config.php
<? php
    header('Content-Type:text/html; charset=utf-8');

    define('DB_HOST', 'localhost');
    define('DB_USER', 'root');
    define('DB_PWD', '123456');
    define('DB_NAME', 'zhiwen');

    $conn = @mysql_connect(DB_HOST, DB_USER, DB_PWD) or die('數據庫連結失敗:'.mysql_error());

    @mysql_select_db(DB_NAME) or die('數據庫錯誤:'.mysql_error());

    @mysql_query('SET NAMES UTF8') or die('字符集錯誤:'.mysql_error());
?>
```

```php
//add.php
<? php
    require 'config.php';

    $query = "INSERT INTO user (user, pass, email, sex, birthday, date)
              VALUES ('{$_POST['user']}', sha1('{$_POST['pass']}'), '{$_POST['email']}', '{$_POST['sex']}', '{$_POST['birthday']}', NOW())";

    mysql_query($query) or die('新增失敗! '.mysql_error());

    echo mysql_affected_rows();

    mysql_close();
?>
```

```php
//is_user.php
<? php
    require 'config.php';

    $query = mysql_query("SELECT user FROM user WHERE user='{$_POST['user']}'") or die('SQL 錯誤! ');
```

```
        if ( mysql_fetch_array( $ query, MYSQL_ASSOC ) ) {
            echo ' false ';
        } else {
            echo ' true ';
        }

        mysql_close( );
?>
```

二、Loading 的製作

在提交表單的時候,由於網絡速度問題,可能會出現不同時間延遲。所以,為了更好的用戶體驗,在提交等待過程中,設置 loading 是非常有必要的。

```
//採用對話框式
$ ('#loading ').dialog( {
    modal: true,
    autoOpen: false,
    closeOnEscape: false,              //按下 esc 無效
    resizable: false,
    draggable: false,
    width: 180,
    height: 50,
} ).parent( ).parent( ).find('.ui-widget-header ').hide( );    //去掉 header 頭

//CSS 部分
#loading {
    background:url(../img/loading.gif) no-repeat 20px center;
    line-height:25px;
    font-size:14px;
    font-weight:bold;
    text-indent:40px;
    color:#666;
}
```

三、AJAX 的提交

最後,我們需要採用 form.js 插件對數據進行提交。而且在其他部分需要做一些修改。

```
submitHandler: function (form) {
    $ (form).ajaxSubmit( {
        url: 'add.php ',
        type: ' POST ',
        beforeSubmit: function (formData, jqForm, options) {
            $ ('#loading ').dialog(' open ');
```

```
                    $('#reg').dialog('widget').find('button').eq(1).button('disable');
                },
                success: function(responseText, statusText){
                    $('#reg').dialog('widget').find('button').eq(1).button('enable');
                    if(responseText){
                        $('#loading').css('background','url(img/success.gif) no-repeat 20px center').html('數據提交成功...');
                        setTimeout(function(){
                            $('#loading').dialog('close');
                            $('#loading').css('background','url(img/loading.gif) no-repeat 20px center').html('數據交互中...');
                            $('#reg').dialog('close');
                            $('#reg').resetForm();
                            $('#reg span.star').html('*').removeClass('success');
                        },1000);
                    }
                },
            });
```

cookie 插件

學習要點：

48. 使用 cookie 插件

Cookie 是網站用來在客戶端保存識別用戶的一種小文件。一般可以保存用戶登錄信息、購物數據信息等一系列微小信息。

一、使用 cookie 插件
官方網站：http://plugins.jquery.com/cookie/
//生成一個 cookie：
$.cookie('user','bnbbs');

//設置 cookie 參數
$.cookie('user','bnbbs',{
    expires: 7,   //過期時間,7 天後
    path: '/',   //設置路徑,上一層
    domain: 'www.ycku.com', //設置域名
    secure: true,   //默認為 false,需要使用安全協議 https
});

```
//關閉編碼/解碼,默認為 false
$.cookie.raw = true;

//讀取 cookie 數據
alert( $.cookie('user') );

//讀取所有 cookie 數據
alert( $.cookie() );
```

注意:讀取所有的 cookie 是以對象鍵值對存放的,所以,也可以從 $.cookie().user 獲取。

```
//刪除 cookie
$.removeCookie('user');

//刪除指定路徑 cookie
$.removeCookie('user', {
    path: '/',
} );
```

二、註冊直接登錄

把 cookie 引入到知問前端中去。

```
//HTML 部分
<div class="header_member">
    <a href="javascript:void(0)" id="reg_a">註冊</a>
    <a href="javascript:void(0)" id="member">用戶</a>
    |
    <a href="javascript:void(0)" id="login_a">登錄</a>
    <a href="javascript:void(0)" id="logout">退出</a>
</div>

//JQuery 部分
$('#member, #logout').hide();

if ( $.cookie('user') ) {
    $('#member, #logout').show();
    $('#reg_a, #login_a').hide();
} else {
    $('#member, #logout').hide();
    $('#reg_a, #login_a').show();
```

```
        }

        $('#logout').click(function () {
            $.removeCookie('user');
            window.location.href = '/jquery/';
        });

        success: function (responseText, statusText) {
            $('#reg_a, #login_a').hide();
            $('#member, #logout').show();
            $('#member').html($.cookie('user'));
        },
```

選項卡 UI

學習要點：

49. 使用 tabs

選項卡(tab)是一種能提供給用戶在同一個頁面切換不同內容的 UI。尤其是在頁面佈局緊湊的頁面上，提供了非常好的用戶體驗。

一、使用 tabs

使用 tabs 比較簡單，但需要按照指定的規範即可。

```
//HTML 部分
<div id="tabs">
    <ul>
        <li><a href="#tabs1">tab1</a></li>
        <li><a href="#tabs2">tab2</a></li>
        <li><a href="#tabs3">tab3</a></li>
    </ul>
    <div id="tabs1">tab1-content</div>
    <div id="tabs2">tab2-content</div>
    <div id="tabs3">tab3-content</div>
</div>

//JQuery 部分
$('#tabs').tabs();
```

二、修改 tabs 樣式

在彈出的 tabs 對話框中，在火狐瀏覽器中打開 Firebug 或者右擊->查看元素。這樣，我們可以看看 tabs 的樣式,根據樣式進行修改。我們為了和網站主題符合,對 tabs 的標題背景進行修改。

```
//無需修改 ui 裡的 CSS,直接用 style.css 替代
.ui-widget-header {
    background:url(../img/ui_header_bg.png);
}

//去掉外邊框
#tabs {
    border:none;
}

//內容區域修飾
#tabs1, #tabs2, #tabs3 {
    height:100px;
    padding:10px;
    border:1px solid #aaa;
    border-top:none;
    position:relative;
    top:-2px;
}
```

三、tabs( )方法的屬性

選項卡方法有兩種形式:①tabs(options)。options 是以對象鍵值對的形式傳參,每個鍵值對表示一個選項。②tabs('action', param)。action 是操作選項卡方法的字符串,param 則是 options 的某個選項。

表 16-35　　　　　　　　　　　　tabs 外觀選項

屬性	默認值/類型	說明
collapsible	false/布爾值	當設置為 true 是,允許選項卡折疊對應的內容。默認值為 false,不會關閉對應內容。
disabled	無/數組	使用數組來指定禁用哪個選項卡的索引,比如[0,1]來禁用前兩個選項卡。
event	click/字符串	觸發 tab 的事件類型,默認為 click。可以設置 mouseover 等其他鼠標事件。
active	數組和布爾值	如果是數組,初始化時默認顯示哪個 tab,默認值為 0。如果是布爾值,那麼默認是否折疊。條件必須是 collapsible 值為 true。
heightStyle	content/字符串	默認為 content,即根據內容伸展高度。Auto 則自動根據最高的那個為基準,fill 則是填充一定的可用高度。
show	false/布爾值	切換選項卡時,默認採用淡入效果。
hide	false 布爾值	切換選項卡時,默認採用淡出效果。

```
$('#tabs').tabs({
    collapsible: true,
    disabled: [0],
    event: 'mouseover',
    active: false,
    heightStyle: 'content',
    hide: true,
    show: true,
});
```

注意:設置 true 後,默認為淡入或淡出。如果想使用別的特效,可以使用以下表格中的字符串參數。

表 16-36　　　　　　　　　　　show 和 hide 可選特效

特效名稱	說明
blind	對話框從頂部顯示或消失。
bounce	對話框斷斷續續地顯示或消失,垂直運動。
clip	對話框從中心垂直地顯示或消失。
slide	對話框從左邊顯示或消失。
drop	對話框從左邊顯示或消失,有透明度變化。
fold	對話框從左上角顯示或消失。
highlight	對話框顯示或消失,伴隨著透明度和背景色的變化。
puff	對話框從中心開始縮放。顯示時「收縮」,消失時「生長」。
scale	對話框從中心開始縮放。顯示時「生長」,消失時「收縮」。
pulsate	對話框以閃爍形式顯示或消失。

四、tabs( )方法的事件

除了屬性設置外,tabs( )方法也提供了大量的事件。這些事件可以給各種不同狀態時提供回調函數。

表 16-37　　　　　　　　　　　tab 事件選項

事件名	說明
create	當創建一個選項卡時激活此事件。該方法有兩個參數(event, ui)。ui 參數有兩個子屬性 tab 和 panel,得到當前活動卡和內容選項的對象。
activate	當切換一個活動卡時,啟動此事件。該方法有兩個參數(event, ui)。ui 參數有四個子屬性 newTab、newPanel、oldTab、oldPanel。分別得到的時候有新 tab 對象、新內容對象、舊 tab 對象和舊內容對象。

表16-37(續)

事件名	說明
beforeActivate	當切換一個活動卡之前,啓動此事件。該方法有兩個參數(event, ui)。ui 參數有四個子屬性 newTab、newPanel、oldTab、oldPanel。分別得到的時候有新 tab 對象、新內容對象、舊 tab 對象和舊內容對象。
load	當 AJAX 加載一個文檔後激活此事件。該方法有兩個參數(event, ui)。ui 參數有兩個子屬性 tab 和 panel,得到當前活動卡和內容選項的對象。
beforeLoad	當 ajax 加載一個文檔前激活此事件。該方法有兩個參數(event, ui)。ui 參數有四個子屬性 tab 和 panel 以及 jqXHR 和 ajaxSettings,前兩個得到當前活動卡和內容選項的對象,後兩個是 ajax 操作對象。

```
//當選項卡創建時觸發
$('#tabs').tabs({
    create: function(event, ui){
        alert($(ui.tab.get()).html());
        alert($(ui.panel.get()).html());
    },
});

//當切換到一個活動卡時觸發
$('#tabs').tabs({
    activate: function(event, ui){
        alert($(ui.oldTab.get()).html());
        alert($(ui.oldPanel.get()).html());
        alert($(ui.newTab.get()).html());
        alert($(ui.newPanel.get()).html());
    },
});

//當切換到一個活動卡之前觸發
$('#tabs').tabs({
    beforeActivate: function(event, ui){
        alert($(ui.oldTab.get()).html());
        alert($(ui.oldPanel.get()).html());
        alert($(ui.newTab.get()).html());
        alert($(ui.newPanel.get()).html());
    },
});
```

在使用 load 和 beforeLoad 事件之前,我們首先要瞭解一下 AJAX 調用的基本方法。
//HTML 部分

```
<ul>
    <li><a href="tabs1.html">tab1</a></li>
    <li><a href="tabs2.html">tab2</a></li>
    <li><a href="tabs3.html">tab3</a></li>
</ul>
```

而 tabs1.html、tabs2.html 和 tabs3.html 只要書寫即可,無需包含<div>。比如:tabs1-content

而這個時候,我們的 CSS 需要做一定的修改,只要將之前的 ID 換成:#ui-tabs-1, #ui-tabs-2, #ui-tabs-3 {}

```
//AJAX 加載後觸發
$('#tabs').tabs({
    load: function (event, ui) {
        alert('ajax 加載後觸發!');
    }
});

//AJAX 加載前觸發
$('#tabs').tabs({
    beforeLoad: function (event, ui) {
        ui.ajaxSettings.url = 'tabs2.html';
        ui.jqXHR.success(function (responseText) {
            alert(responseText);
        });
    }
});
```

表 16-38　　　　　　　　　　tabs('action', param)方法

方法	返回值	說明
tabs('disable')	JQuery 對象	禁用選項卡。
tabs('enable')	JQuery 對象	啟用選項卡。
tabs('load')	JQuery 對象	通過 AJAX 獲取選項卡內容。
tabs('widget')	JQuery 對象	獲取選項卡的 JQuery 對象。
tabs('destroy')	JQuery 對象	刪除選項卡,直接阻斷了 tabs。
tabs('refresh')	JQuery 對象	更新選項卡,比如高度。
tabs('option', param)	一般值	獲取 options 屬性的值。
tabs('option', param, value)	JQuery 對象	設置 options 屬性的值。

```
//禁用選項卡
$('#tabs').tabs('disable');                    // $('#tabs').tabs('disable', 0);

//啟用選項卡
$('#tabs').tabs('enable');                     // $('#tabs').tabs('enable', 0);

//獲取選項卡 JQuery 對象
$('#tabs').tabs('widget');

//更新選項卡
$('#tabs').tabs('refresh');

//刪除 tabs 選項卡
$('#tabs').tabs('destroy');

//重載指定選項卡的內容
$('#button').click(function(){
    $('#tabs').tabs('load', 0);
});

//得到 tabs 的 options 值
alert($('#tabs').tabs('option', 'active'));

//設置 tabs 的 options 值
$('#tabs').tabs('option', 'active', 1);
```

五、tabs 中使用 on( )

在 tabs 的事件中，提供了使用 on( )方法處理的事件方法。

表 16-39　　　　　　　　　on( )方法觸發的選項卡事件

特效名稱	說明
tabsload	AJAX 加載後觸發。
tabsbeforeload	AJAX 加載前觸發。
tabsactivate	選項卡切換時觸發。
tabsbeforeactivate	選項卡切換前觸發。

```
//AJAX 加載後觸發
$('#tabs').on('tabsload', function(){
    alert('ajax 加載後觸發！');
});
```

```
//AJAX 加載前觸發
$('#tabs').on('tabsbeforeload', function(){
    alert('ajax 加載前觸發！');
});

//選項卡切換時觸發
$('#tabs').on('tabsactivate', function(){
    alert('選項卡切換時觸發！');
});

//選項卡切換前觸發
$('#tabs').on('tabsbeforeactivate', function(){
    alert('選項卡切換前觸發！');
});
```

折疊菜單 UI

學習要點:

50. 使用 accordion

折疊菜單（accordion）和選項卡一樣，也是一種在同一個頁面上切換不同內容的功能 UI。它和選項卡的使用幾乎沒有什麼區別，只是顯示的效果有所差異罷了。

一、使用 accordion

使用 accordion 比較簡單，但需要按照指定的規範進行。

```
//HTML 部分
<div id="accordion">
    <h1>菜單 1</h1>
    <div>內容 1</div>
    <h1>菜單 2</h1>
    <div>內容 2</div>
    <h1>菜單 3</h1>
    <div>內容 3</div>
</div>

//JQuery 部分
$('#accordion').accordion();
```

二、修改 accordion 樣式

在顯示的 accordion 折疊菜單中，在火狐瀏覽器中打開 Firebug 或者右擊->查看元素。

這樣,我們可以看看 accordion 的樣式,根據樣式進行修改。我們為了和網站主題符合,對 accordion 的標題背景進行修改。

```
//無需修改 ui 裡的 CSS,直接用 style.css 替代
.ui-widget-header {
    background:url(../img/ui_header_bg.png);
}
```

三、accordion( )方法的屬性

選項卡方法有兩種形式:①accordion(options)。options 是以對象鍵值對的形式傳參,每個鍵值對表示一個選項。②accordion('action', param)。action 是操作選項卡方法的字符串,param 則是 options 的某個選項。

表 16-40　　　　　　　　　　　accordion 外觀選項

屬性	默認值/類型	說明
collapsible	false/布爾值	當設置為 true 時,允許菜單折疊對應的內容。默認值為 false,不會關閉對應內容。
disabled	無/布爾值	默認為 false,設置為 true 則禁用折疊菜單。
event	click/字符串	觸發 accordion 的事件類型,默認為 click。可以設置 mouseover 等其他鼠標事件。
active	數組和布爾值	如果是數組,初始化時默認顯示哪個 tab,默認值為 0。如果是布爾值,那麼默認是否折疊。條件必須是 collapsible 值為 true。
heightStyle	content/字符串	默認為 auto,即自動根據最高的那個為基準,fill 則是填充一定的可用高度,content 則是根據內容伸展高度。
header	h1/字符串	設置折疊菜單的標題標籤。
icons	默認圖標	設置想要的圖標。

```
$('#accordion').accordion({
    collapsible: true,
    disabled: true,
    event: 'mouseover',
    active: 1,
    active: true,
    heightStyle: 'content',
    header: 'h3',
    icons: {
        "header": "ui-icon-plus",
        "activeHeader": "ui-icon-minus",
    },
});
```

四、accordion( )方法的事件

除了屬性設置外,accordion( )方法也提供了大量的事件。這些事件可以給各種不同狀態時提供回調函數。

表 16-41　　　　　　　　　　accordion **事件選項**

事件名	說明
create	當創建一個折疊菜單時激活此事件。該方法有兩個參數(event, ui)。ui 參數有兩個子屬性 header 和 panel，得到當前標題和內容選項的對象。
activate	當切換一個折疊菜單時，啓動此事件。該方法有兩個參數(event, ui)。ui 參數有四個子屬性 newHeader、newPanel、oldHeader、oldPanel。分別得到的時候有新 header 對象、新內容對象、舊 header 對象和舊內容對象。
beforeActivate	當切換一個折疊菜單之前，啓動此事件。該方法有兩個參數(event, ui)。ui 參數有四個子屬性 newHeader、newPanel、oldHeader、oldPanel。分別得到的時候有新 header 對象、新內容對象、舊 header 對象和舊內容對象。

```javascript
//當折疊菜單創建時觸發
$('#accordion').accordion({
    create: function (event, ui) {
        alert( $(ui.header.get()).html() );
        alert( $(ui.panel.get()).html() );
    },
});

//當切換到一個菜單時觸發
$('#accordion').accordion({
    activate: function (event, ui) {
        alert( $(ui.oldHeader.get()).html() );
        alert( $(ui.oldPanel.get()).html() );
        alert( $(ui.newHeader.get()).html() );
        alert( $(ui.newPanel.get()).html() );
    },
});

//當切換到一個菜單之前觸發
$('#accordion').accordion({
    beforeActivate: function (event, ui) {
        alert( $(ui.oldHeader.get()).html() );
        alert( $(ui.oldPanel.get()).html() );
        alert( $(ui.newHeader.get()).html() );
        alert( $(ui.newPanel.get()).html() );
    },
});
```

表 16-42　　　　　　　　　　accordion('action', param) 方法

方法	返回值	說明
accordion('disable')	JQuery 對象	禁用折疊菜單。
accordion('enable')	JQuery 對象	啟用折疊菜單。
accordion('widget')	JQuery 對象	獲取折疊菜單的 JQuery 對象。
accordion('destroy')	JQuery 對象	刪除折疊菜單，直接阻斷了 accordion。
accordion('refresh')	JQuery 對象	更新折疊菜單，比如高度。
accordion('option', param)	一般值	獲取 options 屬性的值。
accordion('option', param, value)	JQuery 對象	設置 options 屬性的值。

//禁用折疊菜單

$('#accordion').accordion('disable');

//啟用折疊菜單

$('#accordion').accordion('enable');

//獲取折疊菜單 JQuery 對象

$('#accordion').accordion('widget');

//更新折疊菜單

$('#accordion').accordion('refresh');

//刪除 accordion 折疊菜單

$('#accordion').accordion('destroy');

//得到 accordion 的 options 值

alert($('#accordion').accordion('option', 'active'));

//設置 accordion 的 options 值

$('#accordion').accordion('option', 'active', 1);

五、accordion 中使用 on()

在 accordion 的事件中，提供了使用 on() 方法處理的事件方法。

表 16-43　　　　　　　　　　on() 方法觸發的選項卡事件

特效名稱	說明
accordionactivate	折疊菜單切換時觸發。
accordionbeforeactivate	折疊菜單切換前觸發。

//菜單切換時觸發

```
$('#accordion').on('accordionactivate', function(){
    alert('菜單切換時觸發！');
});

//菜單切換前觸發
$('#accordion').on('accordionbeforeactivate', function(){
    alert('菜單切換前觸發！');
});
```

編輯器插件

學習要點：

51. 編輯器簡介

編輯器（Editor）一般用於類似於 word 一樣的文本編輯器，只不過是編輯為 HTML 格式的。分類純 JS 類型的，還有 JQuery 插件類型的。

一、編輯器簡介

我們使用的 JQuery 版本比較新，但尚未全面使用 2.0 的版本，因為 IE6、IE7、IE8 被拋棄了。而恰恰在這個時期，就出現編輯器插件的兩極分化的局面。高端和先進的 HTML 編輯器已經全面不支持 IE6、IE7、IE8 了，而老版本的 HTML 編輯器在使用 JQuery1.10.x 版本時會發生這樣或那樣的不兼容。為此，還需要引入 jquery-migrate-1.2.1.js 向下兼容插件才能解決一部分問題。並且需要手動修改源代碼才能保證其正常運行。

二、引入 uEditor

第一步：引入 jquery-migrate-1.2.1.js 文件，排除編輯器低版本的問題。
第二步：把編輯器文件夾包放入根目錄下。
第三步：引入 uEditor.js 和 uEditor.css 兩個文件。
第四步：插入 textarea，設置規定值。
第五步：JQuery 調用運行。

```
//HTML 部分代碼
<button id="question_button">提問</button>

<form id="question" action="123.html" method="post" title="提問">
    <p>
        <label for="user">問題名稱：</label>
        <input type="text" name="title" class="text" style="width:390px;" id="title" />
```

```html
            <span class="star"></span>
        </p>
        <p>
            <textarea class="uEditorCustom" name="content">請填寫問題描述！</textarea>
        </p>
</form>

<div id="error">請登錄後操作...</div>
```

```javascript
//JQuery 部分代碼
    $('#question').dialog({
        autoOpen: false,
        modal: true,
        resizable: false,
        width: 500,
        height: 360,
        buttons: {
            '發布': function () {
                $(this).submit();
            }
        }
    });

    $('.uEditorCustom').uEditor();

    $('#error').dialog({
        autoOpen: false,
        modal: true,
        closeOnEscape: false,
        resizable: false,
        draggable: false,
        width: 180,
        height: 50,
    }).parent().find('.ui-widget-header').hide();
```

AJAX 提問

學習要點:

52. AJAX 提問
本節課主要是創建一個問題表,將提問數據通過 Ajax 方式提交出去;然後對內容顯示進行佈局,實現內容部分隱藏和完整顯示的功能。
　首先,創建一個數據表:question,分別建立:id、title、content、user、date。
　然後,創建一個 PHP 文件:add_content.php
//新增提問代碼

```
<?php
    sleep(3);
    require 'config.php';
    $query = "INSERT INTO question (title, content, user, date)
        VALUES ('{$_POST['title']}', '{$_POST['content']}', '{$_POST['user']}', NOW())";
    mysql_query($query) or die('新增失敗!'.mysql_error());
    echo mysql_affected_rows();
    mysql_close();
?>
```

//JQuery 代碼

```
$('#question').dialog({
    autoOpen: false,
    modal: true,
    resizable: false,
    width: 500,
    height: 360,
    buttons: {
        '發布': function () {
            $(this).ajaxSubmit({
                url: 'add_content.php',
                data: {
                    user: $.cookie('user'),
                    content: $('.uEditorIframe').contents().find('#iframeBody').html(),
                },
                beforeSubmit: function (formData, jqForm, options) {
```

```
                        $('#loading').dialog('open');
                            $('#question').dialog('widget').find('button').eq(1).
button('disable');
                    },
                    success: function(responseText, statusText){
                        if(responseText){
    $('#question').dialog('widget').find('button').eq(1).button('enable');
                                $('#loading').css('background','url(img/success.gif)
no-repeat 20px center').html('數據新增成功…');
                            setTimeout(function(){
                                $('#loading').dialog('close');
                                $('#question').dialog('close');
                                $('#question').resetForm();
                                $('.uEditorIframe').contents().find('#iframeBody
').html('請輸入問題描述！');
                                $('#loading').css('background','url(img/loading.
gif) no-repeat 20px center').html('數據交互中…');
                            },1000);
                        }
                    },
                });
            }
        }
    });
```

AJAX 顯示

學習要點：

53. AJAX 顯示
54. 使用字符串截取

本節課需要從數據庫裡獲取相應數據，然後轉換為 JSON 模式，最終在頁面上顯示出來。我們希望顯示的時候隱藏大部分，顯示摘要，具有切換功能。

一、AJAX 顯示
//從服務器端獲取數據,轉化為 JSON 格式
```
<? php
    require 'config.php';
```

```php
    $query = mysql_query("SELECT title,content,user,date FROM question ORDER BY date DESC LIMIT 0,5") or die('SQL 錯誤！');

    $json = '';

    while (!! $row = mysql_fetch_array($query, MYSQL_ASSOC)) {
        foreach ($row as $key => $value) {
            $row[$key] = urlencode(str_replace("\n","", $value));
        }
        $json .= urldecode(json_encode($row)).',';
    }

    echo '['.substr($json, 0, strlen($json) - 1).']';

    mysql_close();

?>
```

```javascript
//JQuery 部分
$.ajax({
    url: 'show_content.php',
    type: 'POST',
    success: function (response, status, xhr) {
        var json = $.parseJSON(response);
        var html = '';
        var arr = [];
        for (var i = 0; i < json.length; i ++) {
            html += '<h4>' + json[i].user + ' 發表於 ' + json[i].date + '</h4><h3>' + json[i].title + '</h3><div class="editor">' + json[i].content+ '</div><div class="bottom">0 條評論 <span class="down">顯示全部</span> <span class="up">收起</span></div><hr noshade="noshade" size="1" />';
        }
        $('.content').append(html);

        $.each($('.editor'), function (index, value) {
            arr[index] = $(value).height();
            if ($(value).height() > 200) {
                $(value).next('.bottom').find('.up').hide();
            }
            $(value).height(155);
```

```
            });

        $.each($('.bottom .down'), function(index, value){
            $(this).click(function(){
                $(this).parent().prev().height(arr[index]);
                $(this).hide();
                $(this).parent().find('.up').show();
            });
        });

        $.each($('.bottom .up'), function(index, value){
            $(this).click(function(){
                $(this).parent().prev().height(155);
                $(this).hide();
                $(this).parent().find('.down').show();
            });
        });
    },
});

//CSS 部分
.content h4{
    color:#666;
    font-weight:normal;
}
.content h3{
    color:#369;
}
.content .editor{
    color:#333;
    line-height:180%;
    /* height:110px; */
    overflow:hidden;
}
.content .bottom{
    padding:5px 0, 0 0;
}
.content hr{
    color:#ccc;
    height:1px;
```

```css
}
.content .up {
    float:right;
    color:#369;
    cursor:pointer;
}
.content .down {
    float:right;
    color:#369;
    cursor:pointer;
}
```

二、使用字符串截取

由於第一種方法可能會造成溢出的字體成半截形式,所以,我們將使用另外一一種方法,即字符串截取的方式來實現這個功能。

```
//JQuery 代碼
var json = $.parseJSON(response);
var html = '';
var arr = [];
var summary = [];
for (var i = 0; i < json.length; i ++) {
    html += '<h4>' + json[i].user + ' 發表於 ' + json[i].date + '</h4><h3>' + json[i].title + '</h3><div class="editor">' + json[i].content + '</div><div class="bottom">0 條評論 <span class="up">收起</span></div><hr noshade="noshade" size="1" />';
}
$('.content').append(html);

$.each($('.editor'), function (index, value) {
    arr[index] = $(value).html();
    summary[index] = arr[index].substr(0,200);
    if (summary[index].substring(199,200) == '<') {
        summary[index] = replacePos(summary[index], 200, '');
    }
    if (summary[index].substring(198,200) == '</') {
        summary[index] = replacePos(summary[index], 200, '');
        summary[index] = replacePos(summary[index], 199, '');
    }
    if (arr[index].length > 200) {
        summary[index] += '...<span class="down">顯示全部</span>';
        $(value).html(summary[index]);
    }
}
```

```
            $(value).next('.bottom').find('.up').hide();
        });

        $.each($('.editor'), function(index, value){
            $(this).on('click', '.down', function(){
                $('.bottom .up').eq(index).show();
                $('.editor').eq(index).html(arr[index]);
                $(this).hide();
            });
        });

        $.each($('.bottom'), function(index, value){
            $(this).on('click', '.up', function(){
                $('.editor').eq(index).html(summary[index]);
                $(this).hide();
            });
        });
```

//替換特殊字符的函數
function replacePos(strObj, pos, replacetext){
    var str = strObj.substr(0, pos-1) + replacetext + strObj.substring(pos, strObj.length);
    return str;
}

AJAX 提交評論

學習要點：

54. 顯示評論表單
55. 提交評論

本節課主要實現 AJAX 評論功能，包括 AJAX 顯示評論、提交評論、加載更多等操作。
一、顯示評論表單
//點擊評論按鈕展開表單
```
$.each($('.bottom'), function(index, value){
    $(this).on('click', '.comment', function(){
        if($.cookie('user')){
            if(!$('.comment_list').eq(index).has('form').length){
```

```
                    $('.comment_list').eq(index).append('<form><dl
class="comment_add"><dt><textarea type="text"
name="comment"></textarea></dt><dd><input type="hidden" name="titleid" value="'
+
$(this).attr('data-id') + '" /><input type="hidden" name="user" value="' +
$(this).attr('data-user') +
'" />' + $.cookie('user') + '<input type="button" value="發表" /></dd></dl></form>
');
                        }
                        if ( $('.comment_list').eq(index).is(':hidden') ) {
                            $('.comment_list').eq(index).show();
                        } else {
                            $('.comment_list').eq(index).hide();
                        }
                    } else {
                        $('#error').dialog('open');
                        setTimeout(function () {
                            $('#error').dialog('close');
                            $('#login').dialog('open');
                        }, 1000);
                    }
                });
            });
```

//評論按鈕增加兩個內容

```
<span class="comment" data-id="' + json[i].id + '" data-user="' + json[i].user +
'">
0 條評論</span>
```

二、提交評論

創建數據表：comment，字段為 id、titleid、user、comment、date 等。

//add_comment.php

```
<? php
    sleep(1);
    require 'config.php';

    $query = "INSERT INTO comment (titleid, comment, user, date)
              VALUES ('{$_POST['titleid']}', '{$_POST['comment']}', '{$_POST['user']}', NOW())";

    mysql_query($query) or die('新增失敗！'.mysql_error());
```

```
    echo mysql_affected_rows();

    mysql_close();
?>

//AJAX 提交評論
    $('.comment_list').eq(index).find('input[type=button]').button().click(function
(){
        var _this = this;
        $('.comment_list').eq(index).find('form').ajaxSubmit({
            url:'add_comment.php',
            type:'POST',
            beforeSubmit:function(formData, jqForm, options){
                $('#loading').dialog('open');
                $(_this).button('disable');
            },
            success:function(responseText, statusText){
                if(responseText){
                    $(_this).button('enable');
                    $('#loading').css('background', 'url(img/success.gif) no-repeat 20px center').html('數據新增成功...');
                    setTimeout(function(){
                        $('#loading').dialog('close');
                        $('#loading').css('background', 'url(img/loading.gif) no-repeat 20px center').html('數據交互中...');
                        $('.comment_list').eq(index).find('form').resetForm();
                    }, 1,000);
                }
            },
    });

//CSS 部分
.content .comment{
    color:#369;
    cursor:pointer;
}
.content .comment_list{
    display:none;
```

```css
    border-radius:4px;
    border:1px solid #ccc;
    min-height:25px;
    padding:5px 10px;
}
.content .comment_list dl {
    margin:0;
    padding:3px 10px 5px 0;
}
.content .comment_list dl dt {
    margin:0;
    padding:5px 0, 0 0;
    color:#369;
}
.content .comment_list dl dd {
    margin:0;
    padding:0;
    line-height:180%;
    color:#333;
}
.content .comment_list dl dd.date {
    color:#999;
}
.content .comment_add {
    border:none;
    text-align:right;
}
.content .comment_add textarea {
    width:100%;
    border:1px solid #ccc;
    background:#fff;
    padding:5px;
    margin:0, 0, 5px 0;
    border-radius:4px;
    font-size:12px;
    color:#666;
    resize:none;
}
.content .comment_add input {
```

```
        cursor:pointer;
        position:relative;
        right:-5px;
}
.content .comment_content {
        border-bottom:1px solid #ccc;
}
.content .comment_load dd {
        background:url(../img/comment_load.gif) no-repeat 75px 55%;
}
```

AJAX 顯示評論

學習要點：

56. 顯示評論
57. 提交評論

本節課主要實現 AJAX 評論功能，包括 AJAX 顯示評論、提交評論、加載更多等操作。

```
//顯示共顯示了多少條評論
$ query = mysql_query("SELECT (SELECT COUNT( * ) FROM comment WHERE titleid=a.id) AS count,a.id,a.title,a.content,a.user,a.date FROM question a ORDER BY a.date DESC LIMIT 0,10" ) or die('SQL 錯誤！');

//顯示評論的部分 JQuery 代碼
var comment_this = this;
if ( ! $('.comment_list').eq(index).has('form').length) {
    $.ajax({
        url:'show_comment.php',
        type:'POST',
        data:{
            titleid: $(comment_this).attr('data-id'),
        },
        beforeSend:function(jqXHR, settings) {
            $('.comment_list').eq(index).append('<dl class="comment_load"><dd>正在加載評論</dd></dl>');
        },
        success:function(response, status) {
            $('.comment_list').eq(index).find('.comment_load').hide();
```

```
                    var json_comment = $.parseJSON( response );
                    $.each( json_comment, function ( index2, value ) {
                        $ ('.comment_list ').eq( index ).append ('<dl
class = " comment_content"><dt>' + value.user + '</dt><dd>' + value.comment + '</dd><dd
>' +
value.date + '</dd></dl>');
                    });
                });
            });
        }


        //提交評論, 自動顯示
        var date = new Date( );
        $ ('.comment_list ').eq( index ).prepend ('<dl class = " comment_content "><dt>' + $.
cookie( ' user ' ) + '</dt><dd>' + $ ('.comment_list ').eq( index ).find ( ' textarea ' ).val( ) + '
</dd><dd>' + date.getFullYear( ) + '-' + (date.getMonth( ) + 1 ) + '-' + date.getDate( ) + '
' + date.getHours( ) + ':' + date.getMinutes( ) + ':' + date.getSeconds( ) + '</dd></dl>');


        //loading 樣式
        .content .comment_load dd {
            background : url ( ../img/comment_load.gif ) no-repeat 75px 45% ;
        }
```

AJAX 加載更多

學習要點：

58. 服務器端分頁
59. 客戶端加載

本節課主要實現 AJAX 評論功能，包括 AJAX 顯示評論、提交評論、加載重點更多等操作。

一、服務器端分頁

```
//show_comment.php
<? php
    sleep( 1 );
    require ' config.php ';
```

```php
$_sql = mysql_query("SELECT COUNT(*) AS count FROM comment WHERE titleid='{$_POST['titleid']}'");
$_result = mysql_fetch_array($_sql, MYSQL_ASSOC);

$_page = 1;
$_pagesize = 2;
$_count = ceil($_result['count'] / $_pagesize);

if (!isset($_POST['page'])) {
    $_page = 1;
} else {
    $_page = $_POST['page'];
    if ($_page > $_count) {
        $_page = $_count;
    }
}

$_limit = ($_page - 1) * $_pagesize;

$query = mysql_query("SELECT ({$_count}) AS count,titleid,comment,user,date FROM comment
    WHERE titleid='{$_POST['titleid']}' ORDER BY date DESC LIMIT {$_limit},{$_pagesize}") or die('SQL 錯誤！');
```

二、客戶端加載

```javascript
//JQuery 加載更多代碼
success: function (response, status) {
    $('.comment_list').eq(index).find('.comment_load').hide();
    var count = 0;
    var json_comment = $.parseJSON(response);
    $.each(json_comment, function (index2, value) {
        count = value.count;
        $('.comment_list').eq(index).append('<dl class="comment_content"><dt>' + value.user + '</dt><dd>' + value.comment + '</dd><dd class="date">' + value.date + '</dd></dl>');
    });
    $('.comment_list').eq(index).append('<dl><dd><span class="load_more">加載更多評論</span></dd></dl>');
    var page = 2;
    if (page > count) {
        $('.comment_list').eq(index).find('.load_more').off('click');
```

```
                $('.comment_list').eq(index).find('.load_more').hide();
        }
        $('.comment_list').eq(index).find('.load_more').button().on('click', function
(){
            $('.comment_list').eq(index).find('.load_more').button('disable');
            $.ajax({
                url:'show_comment.php',
                type:'POST',
                data:{
                    titleid:$(comment_this).attr('data-id'),
                    page:page,
                },
                beforeSend:function(jqXHR,settings){
                    $('.load_more').html('<img src="img/more_load.gif" />');
                },
                success:function(response,status){
                    var json_comment_more = $.parseJSON(response);
                    $.each(json_comment_more,function(index3,value){
                        $('.comment_list').eq(index).find('.comment_content').last
().after('<
dl class="comment_content"><dt>' + value.user + '</dt><dd>' +
value.comment + '</dd><dd class="date">' + value.date + '</dd>
</dl>');
                    });
                    $('.load_more').html('加载更多评论');
                    $('.comment_list').eq(index).find('.load_more').button('enable');
            page++;
            if(page > count){
                $('.comment_list').eq(index).find('.load_more').off('click');
                $('.comment_list').eq(index).find('.load_more').hide();
            }
                }
            });
        });
    });

    //CSS 部分
    .content .load_more{
        width:100%;
        margin:10px 0,0 0;
        height:30px;
```

```
        line-height:30px;
}
.content .load_more img {
        padding:5px 0, 0 0;
}
```

總結及屏蔽低版 IE

學習要點:

60. 搜索功能
61. 切換功能
62. footer
63. 屏蔽低版本 IE

本節課主要總結一下尚未完成的功能,以及屏蔽掉 IE6、IE7 等低版瀏覽器的支持。
一、搜索功能
搜索功能,可以使用自動補全 UI+按鍵彈起事件+AJAX 查詢即可。
二、切換功能
這裡可以直接設置最熱門、推薦、評論最多的提問。
三、Footer
填充一下 footer。
四、屏蔽低版本 IE
<!--[if lt IE 8]><script>window.location.href="/jquery/error/"</script><![endif]-->
五、總結
本書講解了 JQuery 的基礎和 JQuery UI 的基礎用法。更多的實戰小案例和高級技巧,我們將在擴展課程中為大家展示。

國家圖書館出版品預行編目(CIP)資料

JQuery入門實戰 / 湯東、張富銀 主編. -- 第一版.
-- 臺北市 : 崧博出版 : 財經錢線文化發行, 2018.10
　面 ; 　公分

ISBN 978-957-735-599-7(平裝)

1.Java Script(電腦程式語言) 2.網頁設計

312.32J36　　107017318

書　名：JQuery入門實戰
作　者：湯東、張富銀 主編
發行人：黃振庭
出版者：崧博出版事業有限公司
發行者：財經錢線文化事業有限公司
E-mail：sonbookservice@gmail.com
粉絲頁　　　　　　網　址：
地　址：台北市中正區延平南路六十一號五樓一室
8F.-815, No.61, Sec. 1, Chongqing S. Rd., Zhongzheng Dist., Taipei City 100, Taiwan (R.O.C.)
電　話：(02)2370-3310　傳　真：(02) 2370-3210

總經銷：紅螞蟻圖書有限公司
地　址：台北市內湖區舊宗路二段121巷19號
電　話：02-2795-3656　傳真：02-2795-4100　網址：

印　刷：京峯彩色印刷有限公司（京峰數位）

　　本書版權為西南財經大學出版社所有授權崧博出版事業有限公司獨家發行電子書及繁體書繁體版。若有其他相關權利及授權需求請與本公司聯繫。

定價：300元
發行日期：2018 年 10 月第一版
◎ 本書以POD印製發行